DIE REIHE
Archivbilder

DIE HOHENZOLLERISCHE LANDESBAHN
IN DEN 1960ER-JAHREN

An einem herrlichen Winternachmittag im Januar 1963 war Schneepflugfahren mit Lok 12 (erbaut 1911 verschrottet 1964) angeordnet. Hier ein Fotohalt im unberührten Hasental für den Schüler B. Walldorf. Dieses Tal ist auch 2002 noch ohne Straßenverkehr. Im Winter 1962/63 war sogar der Bodensee zur „Seegfrörne" zugefroren. Bis Anfang der 1950er-Jahre wurden die zweiachsigen Dampfloks („d"-Maschinen) zum Schneepflugfahren eingesetzt.

DIE REIHE
Archivbilder

DIE HOHENZOLLERISCHE LANDESBAHN
IN DEN 1960ER-JAHREN

Botho Walldorf

SUTTON
VERLAG

Sutton Verlag GmbH
Hochheimer Straße 59
99094 Erfurt
www.suttonverlag.de
Copyright © Sutton Verlag, 2002

ISBN: 978-3-89702-494-6
Druck: Books on Demand GmbH, Norderstedt, Deutschland

Das Titelbild zeigt den ersten HzL-Triebwagen VT 1 (erbaut 1934 bei der Wagonfabrik Dessau, modernisiert 1960, verschrottet 1975 in Immendingen) bei der Einfahrt als Zug T 19 W in den Bahnhof Gammertingen am 31. Oktober 1961. Auf dem Engstinger Gleis steht links Lok 11, erbaut 1911. Lok 11 hatte an diesem Tage Bereitschaft und musste rangieren. Hinzugesellt hat sich Lok 16, die an diesem 31. Oktober in Haigerloch mit Lok 21 gewechselt hatte.

Langholzverladung auf dem Bahnhof Bingen, um 1930. Man beachte den Langholzwagen mit Bremserhaus. Seit dem Sturm „Lothar" am 2. Weihnachtsfeiertag 1999 hat die inzwischen voll mechanisierte Holzverladung bei der HzL an Bedeutung gewonnen. Von links nach rechts: Engelbert Echsle, Karl Obert, Bahnbeamter, Johann Maier (Polizei) und Johann Weber. Das seltene Foto hat Fahrdienstleiter Oskar Rauser ausfindig gemacht.

Inhaltsverzeichnis

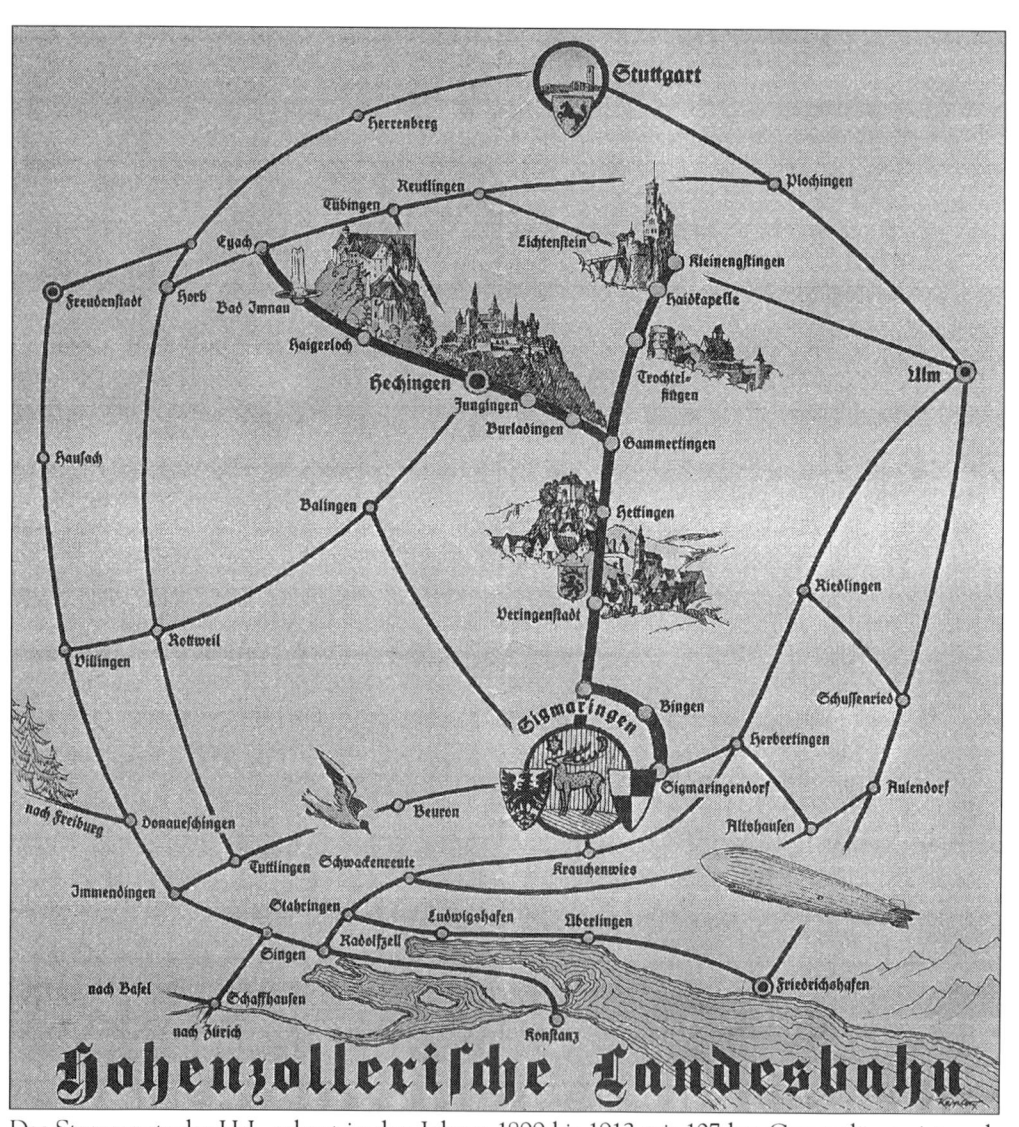

Hohenzollerische Landesbahn

Das Stammnetz der HzL, erbaut in den Jahren 1899 bis 1912 mit 107 km Gesamtlänge, ist auch im Jahre 2002 noch vollständig befahrbar. Die Übersichtsskizze stammt aus einem Fremdenverkehrsprospekt von 1938, „Mit der HzL durch das schöne Hohenzollern". Übergangsbahnhöfe zur „Staatsbahn" sind in Eyach (umgebaut 1986), Hechingen (neuer Anschluss ab März 1997), Sigmaringen (neue Einschleifung ab Mai 1994) und Kleinengstingen (umgebaut 1984).

Einleitung

Seit ihrer Gründung 1899 befindet sich die Hohenzollerische Landesbahn AG (HzL) in einem fortdauernden Modernisierungsprozess. Die zweiachsigen Personenwagen wurden bereits nach wenigen Betriebsjahren mit einer Blechverkleidung versehen, der Holzaufbau hatte den Witterungseinflüssen nicht standgehalten. 1908 wurde die durchgehende Druckluftbremse eingeführt.

Der vorliegende Band ist hauptsächlich den Jahren 1961 bis 1964 gewidmet. In diesem Zeitraum benutzte ich als Schüler die HzL von Gammertingen nach Hechingen. Manchmal wurde die Schule geschwänzt, wenn „Dampf gelaufen" ist, um interessante Fotos zu machen. So entstanden in den genannten Jahren etwa 3.000 schwarz-weiß Fotos und Kleinbild-Farbdias. Eine Auswahl davon dokumentiert in dem vorliegenden Band die heute kaum mehr vorstellbaren Betriebszustände. Dieses Buch enthält keine Gesamtdarstellung der Geschichte der HzL. Auf die ab 1985 bis 1999 erschienenen sechs Publikationen zur HzL-Geschichte sei verwiesen. Sie sind jedoch leider nicht mehr im Buchhandel, aber in den Archiven verfügbar.

Der Bildauswahl wurde zu Grunde gelegt, dass künftige Leser kein eigenes Erleben an diesen dargestellten Zeitabschnitt mehr haben werden. Aus der Zeit von 1912 bis 1960 wurden einige Fotos berücksichtigt, die bisher nicht veröffentlicht wurden. In diesem Zusammenhang sei Herrn Dr. Kleinmann aus Sigmaringen gedankt. Nach meinem Vortrag „100 Jahre HzL" im Spiegelsaal des Staatsarchivs Sigmaringen am 7. Februar 2000 übergab mir Herr Dr. Kleinmann einige Originalfotos aus der Frühzeit des Bahnhofs Bingen, die jetzt hier Verwendung finden können.

Im Betrachtungszeitraum „frühe 1960er-Jahre" waren die Dampfloks Nr. 11, 12, 15, 16, 21 und 141 noch betriebsfähig vorhanden. Die Triebwagen der ersten Generation, VT 1 bis VT 3 Baujahr 1934 bzw. 1936, waren täglich im Einsatz. Ebenfalls täglich zu sehen waren die im September 1951 von der Waggonfabrik Uerdingen angelieferten Schienenbusse VT 6 und VT 7 mit den zugehörigen Beiwagen VB 16 und VB 17. Im Sommer 1956 testete die Landesbahn Dieselloks der Firmen Maschinenfabrik Esslingen, Henschel in Kassel, Deutz in Köln und Maschinen-Aktiengesellschaft Kiel (MaK). Daraufhin wurden im August 1957 die Diesellok V 81 von der Maschinenfabrik Esslingen und im Januar 1958 V 82 von der MaK Kiel angeliefert. Wenn eine Diesellok oder ein Triebwagen in Reparatur war, mussten in den Jahren bis 1965 die Dampfloks „Diesel-Ersatzverkehr" leisten. So konnte der Verfasser noch Dampfzüge fotografieren, wie sie in der reinen Dampflokzeit bei der HzL original ausgesehen hatten. Bis September 1962 wurde von Haigerloch nach Eyach und zurück die letzte planmäßige Dampftour, die Tour 2, mit Lok 16 bzw. Lok 21 ausgeführt.

Schneepflugfahrten, Einsatz des „Spritzzuges" zur Unkrautvertilgung, die hohenzollerischen Pilgerzüge und das Ausladen der Kohlen zum Heizen der Agenturgebäude („Stationskohlenzüge") gehörten seit Jahrzehnten zum jahreszeitlichen Ablauf eines Betriebsjahres. Aufnahmen von diesen Arbeits- und Sonderzügen runden das Bild über den Bahnbetrieb aus dieser Zeit ab.

Manchmal ergaben sich interessante Kombinationen von Dampfloks mit Dieselfahrzeugen, was dann ein besonderer Anlass zum Fotografieren war. So hat außer mir niemand das Anheizen einer Landesbahn-Dampflok im Planbetrieb fotografiert. Seit Menschengedenken hielt die Bw Gammertingen täglich eine Dampflok in Bereitschaft zum Rangieren und für eventuell notwendig werdende Hilfszüge. Die Arbeit der Gleiswerker („Gramper") war 1963 noch Handarbeit, was hier dargestellt wird. Um 1962 fanden die ersten „Gastarbeiter" aus Italien bei der HzL Beschäftigung. Die Hochzeit von Bahnbauarbeitern mit Mädchen aus der Region war Thema einer Szene des Theaterzuges des Lindenhof-Theaters Melchingen und des Fernsehens im HzL-Jubiläumsjahr 1999.

Stets bot die HzL meist lebenslang sichere Arbeitsplätze, vor allem in Gammertingen. Alteingesessene Mitarbeiter, insbesondere die einst zahlreichen Rottenarbeiter aus Neufra, wohnten in den regionaltypischen Eindachhäusern, wo sie kleinbäuerliche Nebenerwerbslandwirtschaften betrieben. Zur Integration der Heimatvertriebenen und von Flüchtlingen aus der sowjetisch besetzten Zone trug die Hzl mit Arbeitsplätzen bei. Mit der Beschaffung der MAN-Leichttriebwagen ab 1960 wurde die Anzahl der (dampf-)lokbespannten Personenzüge geringer. Mit dem Kauf der dazu passenden Steuerwagen ab Dezember 1962 wurden immer weniger Personenwagen aus der Gründerzeit der Bahn gebraucht.

Schließlich verminderte der Einsatz der dritten Diesellok V 121 (1963 bis 1993, gleichzeitig die letzte Lok mit Stangenantrieb) ab 1963 das Einsatzfeld der Dampfloks weiter. Lok 21 (erbaut 1914 von der Maschinenfabrik Esslingen) wurde im August 1963 verschrottet. Sie stand bis zum Sommer 1962, also bis zum Ablauf der Hauptuntersuchungsfrist, in Betrieb. Aus diesen letzten Betriebsmonaten sind hier einige Fotos veröffentlicht. 1964 wurde Lok 12 verschrottet. Die Schwestermaschine Lok 11 ist auch im Jahr 2002 noch als Museumslok nun schon über 31 Jahre im Einsatz. Diese Kulturleistung verdanken wir Gerhard Kirchner aus Linsenhofen.

Die Dampfloks Nr. 15 und 141, von denen der Verfasser noch dutzende von Fotos bei ihren letzten planmäßigen Betriebseinsätzen machen konnte, waren die letzten HzL-Dampfloks, die im April 1965 noch verschrottet wurden. An den Dampfloks Nr. 11 und 16 hat die Bahnbetriebswerkstätte Gammertingen 1962/63 die letzten Hauptuntersuchungen durchgeführt.

Ein Menschenalter, nämlich von 1902 bis 1965, hatte die Dampflokwartung Kesselschmieden und anderen heute nicht mehr bekannten Spezialisten Brot und Arbeit gegeben. Menschen am sich wandelnden Arbeitsplatz Landesbahn waren daher ein wichtiges Kriterium bei der Bildauswahl. Ich hatte persönlich Gelegenheit, als Schüler eine technisch wichtige Umbruchphase bei der HzL – die endgültige Umstellung von Dampf- auf Dieselbetrieb – mitzuerleben und ausreichend zu dokumentieren. Der Verfasser dankt dem Sutton Verlag Erfurt, dass er sich dieser technikgeschichtlich bedeutsamen Epoche zur Veröffentlichung angenommen hat.

Die von dem hohenzollerischen Geheimen Baurat Max Leibbrand (1851 bis 1925) konzipierte Trasse war für einen Kleinbahnbetrieb vorgesehen. Heute sind 1.700 Tonnen Güterzüge mit bis zu 700 Metern Länge keine Seltenheit. Ein Teil des rollenden Materials aus der Gründerzeit ab 1899 ist dank des idellen Einsatzes der Eisenbahnfreunde bis in unsere Zeit erhalten geblieben. Schlepptriebwagen vom Typ „NE 81" (Baujahr 1993) und „Regio-Shuttle" (ab 1997) können heute über 100-jährigen Personenwagen von der Erstausstattung der Bahn begegnen.

Der Dampflokbetrieb mit Originalfahrzeugen – um 1962 noch als betriebliche Reserve eingesetzt – ist 40 Jahre später zum viel beachteten Museumsbahnbetrieb geworden.

Es werden hier einige Anekdoten aus dem Betriebsgeschehen erzählt. Die in den jeweiligen Zeitabschnitten tätigen Landesbahner waren und sind sich stets der großen Verantwortung für die ihnen zur Beförderung anvertrauten Menschen und Güter bewusst.

Botho Walldorf

1

Von den preußischen Kleinbahn-Normalien zum „Schienenbus" (1900–1960)

Bahnbau bei Rangendingen, 1912. Man erkennt eine schmalspurige Feldbahnlok und italienische Bauarbeiter. Bilder vom Bahnbau haben sich bei den Nachkommen von Einheimischen erhalten, die dort beschäftigt waren. In diesem Fall ist Johann Beck aus Haigerloch mit einem Pfeil gekennzeichnet.

Zwischen Hausen und Burladingen in der so genannten „Schlichte", um 1900. Man beachte die Vielzahl der beschäftigten Personen. Im Sommer 1899 wurde mit dem Bau der Killertalbahn Hechingen–Burladingen begonnen, die im März 1901 vollendet war. Im Oktober 2001 gedachte das Heimatmuseum Hausen i.K. der 100-jährigen Killertalbahn mit einer Fotoausstellung von B. Walldorf, abgebrannt 1981.

Ausfahrt eines Personenzuges aus dem Bahnhof Burladingen, 1908. In diesem Jahr wurde die Strecke Burladingen–Gammertingen–Bingen fertig gestellt. Das Foto zeigt den Personen-Post- und Gepäckwagen Nr. 25 im Originalzustand (CPPOST). Der Vierachser wurde 1908 mit fünf weiteren Exemplaren von der Waggonfabrik Rastatt erbaut und 1962 verschrottet. Rechts sieht man, wie Burladingen mit seiner Großbayer-Kirche St. Georg und dem „Schlössle" ausgesehen hat.

Bingen, colorierte Ansichtskarte von etwa 1910. Wie bei anderen hohenzollerischen Orten, ist hier das 1899/1900 erbaute Empfangsgebäude als Anschluss zur Welt abgebildet. Auch der zweiständige Lokschuppen, der ab 1955 als Omnibusgarage diente, ist detailgetreu zu erkennen. Er wurde 1987 abgebrochen. Das Foto-Original stammt aus der Sammlung von Dr. jur. Anton Burkhart aus Gammertingen.

Im Jahre 1926 stand das Bahnhofsgebäude Bingen noch im Originalzustand. Davon zeugen die hölzernen Tür- und Fensterbekrönungen sowie die Petroleumlaterne. Von links nach rechts: Gertrud Kröttinger, Fritz Kleinmann, der dem Verfasser am 7. Februar 2000 das Originalfoto übergab, Martha Kröttinger, Julius Baur, Fritz Kröttinger, Bahnhofsvorstand. Der Wasserkran links ist 2002 noch betriebsfähig vorhanden.

11

Lok 2 c, erbaut 1899 von der Hohenzollern AG für Locomotivbau in Düsseldorf. Das Foto entstand um 1925. Von links nach rechts: Baur, genannt „Bebbe", Guhl, Fischle, der zuletzt in Haigerloch wohnhaft war. Die beiden etwas leistungsfähigeren „c"-Maschinen konnten einen Wagen mehr befördern als die sechs „d"-Maschinen.

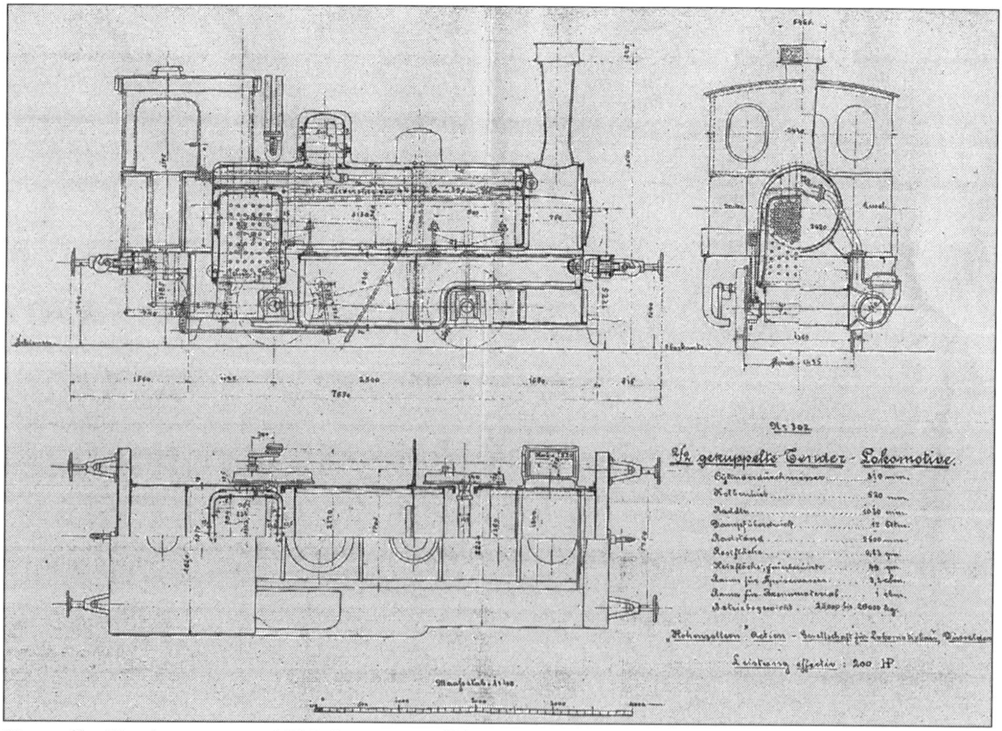

Hersteller-Zeichnung von 1899, Leistung effektiv 200 HP (Horse Power=Pferdestärken).

Lok Betriebs-Nr. 7, bis 1938 als „1 c" bezeichnet, zur Verschrottung abgestellt auf dem Bahnhof Gammertingen. Das Foto entstand 1950 und stammt von Carl Bellingrodt (1897 bis um 1975), der die Hzl um 1937, 1950 und 1964 fotografierte. Die Luftpumpe, die Lichtmaschine und die Loklaternen sind schon entfernt, um sie auf anderen Loks weiterzuverwenden. Im Hintergrund erkennt man die zwischen 1951 bis 1978 bebaute Flur „Eichert" mit „Kronenwirts Keller", einem gewölbten Felsenkeller im Samental, der 1981 abbrannte.

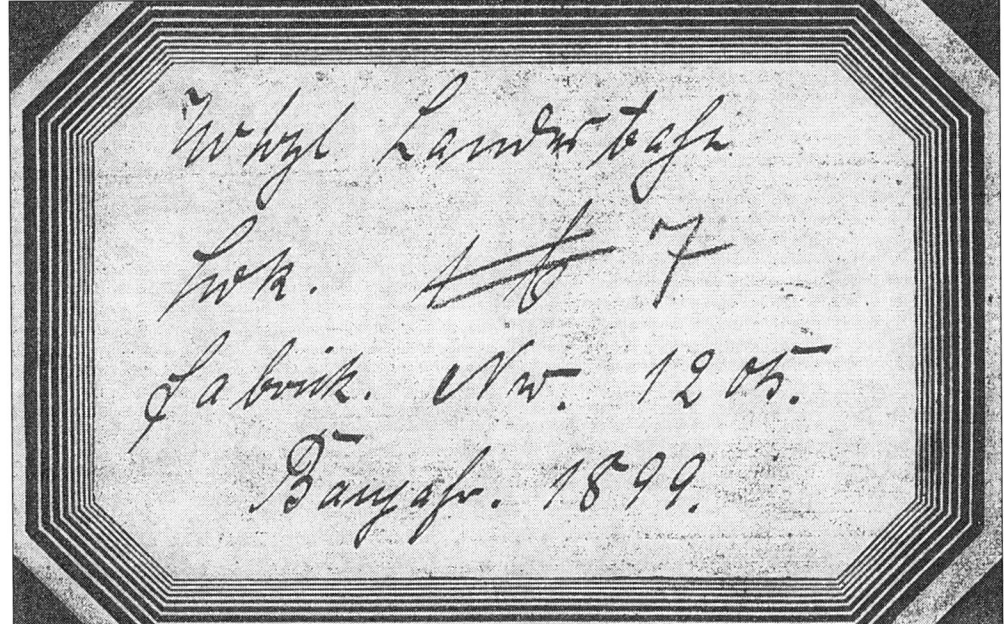

Titelseite des Betriebsbuches, noch in Sütterlinschrift geschrieben: Hohenzollerische Landesbahn Lok 1 c (durchgestrichen), dann Lok 7 bezeichnet. Fabrik.-Nr. 1205, Baujahr 1899. Die Loks Nr. 1 c und 2 c waren von 1901 bis 1908 im Burladinger Lokschuppen stationiert. Dort wurden auch die notwendigen Kesselrevisionen durchgeführt, die in diesem Betriebsbuch verzeichnet sind.

[Handschriftliche Chronik von Ludwig Maurer, in Kurrentschrift]

Aus der Chronik von Ludwig Maurer aus Stetten: „Die Bahn Stetten–Hechingen wurde anfangs Juli 1911 angefangen. Bezahlt wurden im Anfang in der Stunde 35 Pfennig und nachdem ca. 50 Arbeiter gestreikt hatten, 40 und 42 Pf. Der Pole Schindhelm war Oberschachtmeister. Im Herbst 1911 ca. Okt.-Nov. wurden die drei Brücken angefangen und waren ca. im Februar 1912 fertig."

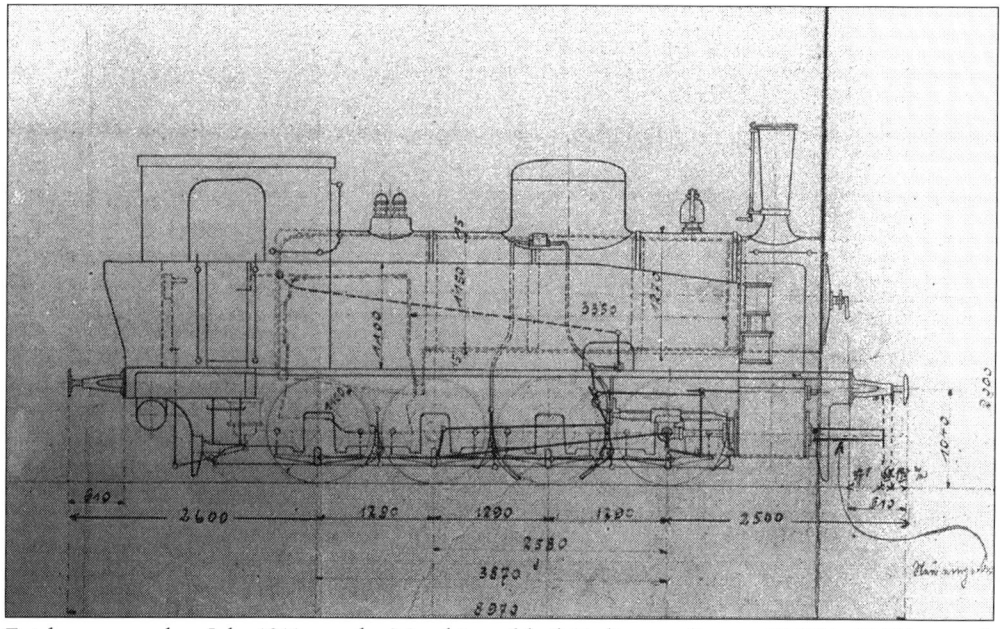

Zeichnung aus dem Jahr 1911 von der Maschinenfabrik Esslingen, die von 1847 bis 1966 bestand, aus dem Betriebsbuch der Lok 11. Das mit Dampf betriebene Läutewerk befindet sich noch hinter dem Kamin. Trotz des schweren Unfalls bei Hanfertal am 7. März 1956 sollte Lok 11 ab 1971 und auch im Jahr 2002 als Museumslok betriebsfähig erhalten bleiben.

Aus dem Familienalbum des Betriebskontrolleurs Patriz Hirsch, der von 1914 bis 1954 bei der HzL tätig war. Das Foto ist beschriftet mit „Reichsbahnsonderzug ins Blaue' am 15.4.1934 (nach Haigerloch)". Im Stadtarchiv Haigerloch hat sich eine Akte über diese Fahrten erhalten, über die die Tübinger Kulturwissenschaftlerin Margarete Kollmar im Jahre 2002 eine Magisterarbeit anfertigt.

Hechingen Landesbahnhof, um 1936. Der Triebwagen VT 3 (1936–1968) war ganz neu. Das Empfangsgebäude von 1901 ist noch unverändert. Es ist hier mit Symbolen des „Dritten Reichs" geschmückt, wohl zum 1. Mai, dem „Tag der Nationalen Arbeit". Fast alle Landesbahn-Fotos aus dem Familienalbum des Betriebskontrolleurs P. Hirsch aus Hechingen sind bis 2002 veröffentlicht worden.

Gleisbauarbeiten in der Nähe der Fehlahöhe bei Gammertingen, 1944. Der Italiener Rolando Ferroni (geb. 1920 in Lucca) hat dieses Foto über die Zeitläufte bis heute aufbewahrt. Ferroni war als italienischer Zivilarbeiter auch Zeitzeuge des Luftangriffs auf Lok 15 am 27. Februar 1945 bei Jungnau. Seit 1957 ist Ferroni in Gammertingen verheiratet und verbringt in der Danziger Straße seinen Lebensabend.

Rechnung 1514

für die Hohenzollerische Landesbahn A.-G., Hechingen

von Albert Burkhart z. Kreuz, Gammertingen

Lfd. Nr.	Datum	Gegenstand	Einzel-Betrag RM | Rpf	Betrag im Ganzen RM | Rpf
	März 1945	Verpflegung von 18 italienischen Civil-arbeitern = 18 x 31 x 3.— RM		1674.—
		2 Arbeiter 1 Tag im Februar (durch Wechsel)		6.—
		5 Ostarbeiter = 31x 5 = 155 x 3,— RM		465.—
		Sa.	Rechnerisch richtig [Boog]	2145.—

Verwendungszweck:

Verpflegung von 18 Italiener,
2 Arbeiter im Wechsel im Febr.
und 5 Ostarbeiter im Monat März
1945

Die Richtigkeit bescheinigt:

Diese Rechnung dokumentiert, dass im März 1945 außer italienischen Zivilarbeitern auch so genannte „Ostarbeiter" als Gleiswerker bei der HzL eingesetzt waren. Sie waren in Gammertingen, Roter Dill 19, dem ehemaligen „Arrest", untergebracht. 1957 bauten die Familien Lokführer Fritz und Wiesner das ehemalige Gefängnis zum Wohnhaus um.

Lok 141 fährt im April 1963 als Leerzug Lz 308 B zwischen Gauselfingen und Burladingen im Hochtal der Fehla am Gedenkkreuz für den Luftangriff vom 10. September 1944 vorbei. Zum 40. Gedenktag an dieses schreckliche Ereignis wurde das Kreuz vom Sägewerk Reichert erneuert. Im Vordergrund „Form 6-Gleisbau", der ab den Sechzigerjahren durch die schweren „S 49"-Profile ersetzt wurde.

Am 10. September 1944 schrieb Fritz Däche (1892–1967, Werkstättenvorsteher von 1934 bis 1955) in das Tagebuch der Bahn-Betriebswerkstätte Gammertingen: „Fliegerangriff bei Zug 16 zwischen Gauselfingen und Burladingen, Lok 14, Wagen 28 beschädigt, 9 Tote, 12 Verwundete." Es war der erste folgenreiche Luftangriff auf die Hzl.

Der Landwirt und Kohlenhändler Franz Stehle (1887–1967) holt mit seinem Kramer-Traktor Wehrmachtssoldaten am Bahnhof Gammertingen ab, um sie ins Reservelazarett, dann Kreisaltersheim, seit 1997 städtisches Altenpflegeheim St. Elisabeth, zu transportieren. Das Foto entstand um 1942. Im Hintergrund sieht man die Bahnhofswirtschaft, „Bahnhöfle" genannt. Sie existierte von 1912 bis Dezember 1993.

Im Jahre 1946 zeugte ein imposantes Holzgerüst bei Gammertingen vom Wiederaufbau des Lauchert-Viadukts. Das Foto stammt von dem gelernten Fotografen Georg Mühlbacher (1890–1982). Die zurückweichende Wehrmacht hatte am Morgen des 24. April 1945 alle vier Landesbahnbrücken gesprengt. Erst ab 7. Dezember 1947 war das Landesbahn-Netz wieder durchgehend befahrbar. Vom größer dimensionierten Brücken-Wiederaufbau profitiert die Hzl noch heute.

Im Sommer 1956 begann der Probebetrieb mit Dieselloks auf der HzL. Das Foto von Otto Hirsch, geb. 1919, in Hechingen zeigt die rote Diesellok von Henschel. Sie hatte bereits den zukunftsweisenden Gelenkwellenantrieb mit Drehgestellen. Die Maschinenfabrik Esslingen, Deutz in Köln und die Maschinen-Aktiengesellschaft Kiel (MaK) schickten ebenfalls Dieselloks zur Probe. Ab 1970 wurden die Dampfloks entbehrlich.

Diesellok V 81 im August 1957 beim „roll-out" aus der Maschinenfabrik Esslingen. Das Werkfoto befindet sich heute im Daimer-Benz-Archiv. Die erste Diesellok wurde in Esslingen bestellt, „damit das Geld im Lande bleibt". V 81 war bis 1996 in Betrieb und ist 2002 noch reparaturbedürftig abgestellt. Die HzL-Dampfloks Nr. 11, 12, 15, 21 und 22 sowie der Triebwagen VT 3, II, eingesetzt 1970 bis 1993, stammten ebenfalls aus dieser berühmten Lokomotivfabrik.

Zwischen Hausen und Burladingen in der „Schichte", Sommer 1956 in der Steigung 1:36. Die beiden „E"-Maschinen Lok 21 und Lok 22 transportieren Salz aus dem seit 1854 bestehenden Salzwerk Stetten. 1956 dienten dazu noch offene Güterwagen mit Holzaufbau. Die „Haigerlocher" Lok 21 leistete bis Burladingen Vorspann, in Neufra wartete die in Bereitschaft stehende Lok 141. Lok 22 stammte von der Filderbahn. Sie wurde 1937 auf Heißdampf und Ventilsteuerung umgebaut. Foto: Otto Hirsch.

Fast an derselben Stelle, 29 Jahre später im April 1985: Die Dieselloks V 81 und V 122 (erbaut 1964 in Kiel) fahren als doppelter Nachschub. Der Ganzzug besteht aus Td- und Fz-Wagen, die ab 1990 durch die vierachsigen 90 Tonnen Salz fassenden TAL-Wagen abgelöst wurden. Im Vordergrund wird die Bundesstrasse 32 neu trassiert.

Lok 21 mit Panzern der Bundeswehr auf dem Bahnhof Haidkapelle, wohl um 1960. Ein seltenes Bilddokument. Ab 1938 wurde die Munitionsanstalt MUNA Haid für die Luftwaffe gebaut und dabei wurden auch die Bahnhofsanlagen ausgebaut. Nach 1945 baute man den Bahnhof zurück. Mitte der 1970er-Jahre wurden die Bahnanlagen wieder für die bis 1993 bestehende Eberhard-Finckh-Kaserne ausgebaut.

Im April 1959 finden wir Lok 22 (erbaut 1911) zur Verschrottung abgestellt auf dem Bahnhof Gammertingen. Aufgenommen auf 6x9 cm Rollfilm mit einer „Box". Dahinter stehen die beiden Personenwagen, Bauart Langenschwalbach mit ihren typischen Tonnendächern. Sie wurden 1962 verschrottet. Nur der gotische Staffelgiebelturm der Stadtpfarrkirche St. Leodegar ist im Jahre 2002 noch vorhanden.

Bahnbetriebswerkstätte Gammertingen am 27. Juni 1960. Das Foto stammt von Helmut Griebl aus Wien. Links Lok 141 (1929–1965), rechts Lok 21, (1914–1963), in der Halle 4 ist Lok 12 sichtbar. Links und rechts die Schlackegruben. Die heute als Umweltgift angesehene Schlacke wurde als Isolationsmaterial in Holzdecken verwendet. Die Bauherren warteten schon auf die anfallende Schlacke. Der Ölkeller rechts wurde 1944 erbaut und im März 1979 abgebrochen.

Gammertingen im September 1968. Blick von der Hechinger Straße auf die acht Hallen der Bahnbetriebswerkstätte. Im Juli 1981 konnten die Wartungshallen Tor 9 und 10 mit dem ersten „Tag der offenen Tür" eingeweiht werden. Im Juli 2001 wurde der erste Bauabschnitt der neuen Hallen mit einem Bahnhofsfest und einer Ausstellung des Verfassers „100 Jahre Bahnhof Gammertingen" eingeweiht. Die Hölderlinstraße wurde ab 1967 erschlossen.

2

Der Bahnmittelpunkt Gammertingen
in den 1960er-Jahren

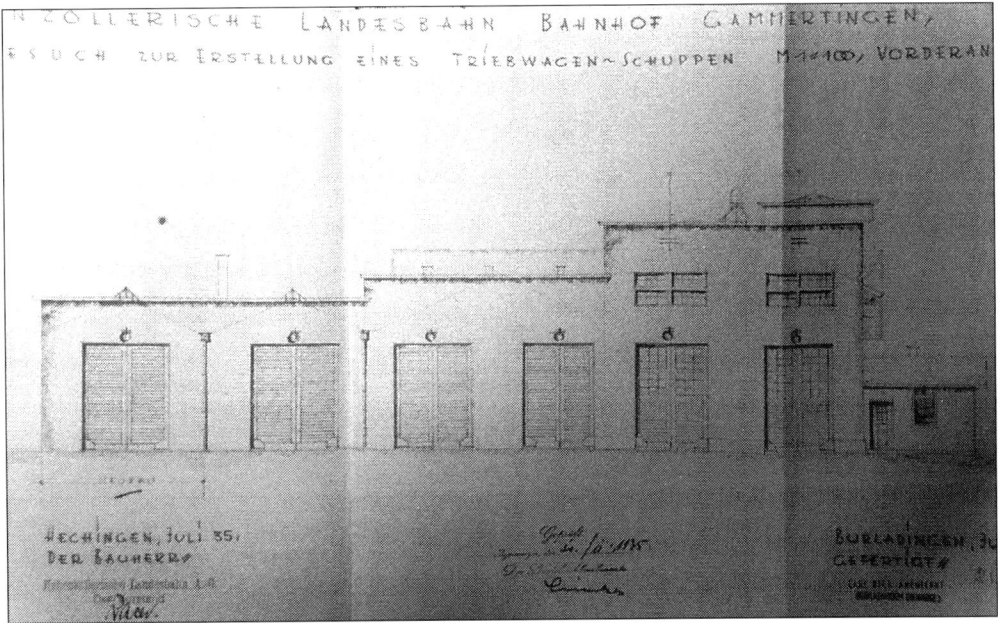

Diese Fassade des Gammertinger Bahnbetriebswerks konnte man von 1934 bis zum Abbruch im März 2000 sehen. Der Bauplan hat sich nicht bei der Bahn, sondern im Gammertinger Stadtarchiv erhalten. Für die ersten Diesel-Triebwagen T 1 und T 2 wurden die Hallen 5 und 6 angebaut.

Lok 15, abgestellt im „Dreier-Schuppen", links Lok 16, August 1964. Bis zum Abbruch im März 2000 hatten insbesondere die Hallen 3 und 4 mit ihren verrußten Holzbalken-Konstruktionen und Rauchabzügen viel von der einstigen Dampflok-Atmosphäre bewahrt. Bis zum Schluss standen in einer Ecke die Schaufeln, die der Beseitigung des beim Auswaschen der Lokkessel anfallenden Schlammes dienten. Ungeklärt flossen die öligen Abwässer in die Lauchert. Die Bauern ließen an den „Auswaschtagen" ihre Enten nicht in den Bach, weil sie ölverschmiert wieder herauskamen. Das nahm man als „gegeben" hin.

In verborgenen Ecken fand sich manches nicht mehr benötigtes Zubehör. Hier eine Vorrichtung zum Abblenden der elektrischen Loklaternen im Zweiten Weltkrieg. Eine Loklaterne von Lok 14 (von 1938 bis 1959 bei der HzL) wurde im April 1987 zusammen mit anderen Gegenständen an das Landesmuseum für Technik und Arbeit in Mannheim weitergegeben. Einige Objekte werden seit 1990 in der Dauerausstellung gezeigt.

Von Januar bis Dezember 1962 fand für Lok 11 die letzte, in Gammertingen ausführte Hauptuntersuchung statt. Hier sehen wir Lok 11 ohne Führerhaus und Kesselverkleidung. Im Vordergrund roh gezimmerte Schränke, in denen das selbst angefertigte Werkzeug für die
Dampflokreparatur aufgehoben wurde. Diese Spinde waren vom Bau der Werkstätte 1908 bis
zum Abbruch im März 2000 vorhanden.

Der Verfasser als Elfjähriger vor dem Kessel von Lok 11, Sommer 1956. Nach dem Unfall bei
Hanfertal im März 1956 wurde Lok 11 einer erneuten Revision unterzogen. Zum Zeitpunkt der
6x9-cm-Rollfilm-Aufnahme war der Kessel gerade aus der Maschinenfabrik Esslingen zurückge-
kommen. Seit 1996 steht dieser Kessel von 1911 als technisches Denkmal im Freien im Bahnbetriebswerk Kornwestheim.

Nur wenige Fotos aus der Zeit, als die dunkelgrünen Personenwagen noch planmäßig eingesetzt wurden, sind bis in unsere Zeit erhalten geblieben. Hier der C 41 (erbaut 1889, ausgemustert 1958) um 1934 mit den Emailleschildern der Klasse 2 und 3. Auf dem Foto sieht man auch Familie Hirsch aus Hechingen mit Sohn Egon (1929–1999).

Derselbe Wagen im Juni 1960, abgestellt auf dem Bahnhof Gammertingen, fotografiert von Helmut Griebl aus Wien. Seit Aufhebung der 3. Klasse im Jahre 1956 wurden die Personenzugwagen nicht mehr C und CC, sondern B und BB bezeichnet. Im Hintergrund erkennt man die in den Fünfzigerjahren entstandenen Eigenheime der Samentalstraße, früher „Sattlerhalde" genannt.

Rangieren auf dem Bahnhof Gammertingen im Januar 1962, aufgenommen mit der Kleinbildkamera Dacora-dignette vom Kamerawerk Reutlingen, die der Verfasser von 1960 bis 1969 benutzte. Links Lok 21, die ab 1914 48 Jahre in HzL-Diensten stand. Sie hatte sich als erste Heißdampflok
bestens bewährt. Daneben sieht man Lok 141. Sie rangiert den Heizwagen Hzwg Nr. 6.

Gleissperre aus Holz mit Eisenbeschlägen im Bahnhof Gammertingen, Juni 1968. An einem
Abstellgleis hat dieses selten gewordene Exemplar überdauert, längst hatten sich Gleissperren
aus Metall durchgesetzt.

Der Dampflokbetrieb war mit schwerer und schmutziger Handarbeit verbunden. Hier sehen wir Richard Zielke (1906–2000) beim Füllen der Kohlenwagen im September 1968. Die Bekohlungsanlage existierte von 1941 bis 1979. Vorher musste die Kohle von Hand in die Loktender geschippt werden. Im Oktober 1987 ging der Kohlenwagen an das Landesmuseum für Technik und Arbeit in Mannheim über.

Nachdem Lok 15 längere Zeit gestanden hatte, machte R. Zielke im Januar 1962 das Gestänge sauber. Zielke stammte aus Pasewalk im Großen Werder bei Danzig. Er war von 1920 bis 1939 Bürger des Freistaates Danzig (Wolny Miasto Gdansk) und dort als Fischer tätig. Seit 1948 in Rangendingen, konnte er in seiner neuen Heimat bereits 1951 eine Doppelhaushälfte beziehen. Von dort pendelte er bis zu seiner Pensionierung nach Gammertingen.

Im Winter lag oft eine Schneedecke auf dem Kohlenvorräten. Dann war das Kohlenfassen besonders beschwerlich. Hier sehen wir den aus Ungarn stammenden Geza Töreky (1904–1972) im Januar 1968. Systematisch fotografierte der Verfasser die HzL seit etwa Oktober 1961. Fotos von den Landesbahnern an ihren Arbeitsplätzen entstanden nur zufällig. Sie sind in diesem Band hier fast alle veröffentlicht.

Lokführer Otto Martiny (1908–2002) schaut auf den Dienstausteiler im „Vierer-Schuppen". Die schwarze Holztafel für den Lokdienst war Legende. Sie wurde immer wieder zusammenge-stückelt, wenn die Schuppen-Rückwand mal wieder durchfahren worden war. Am 25. März 1965 stand Lok 15 als einst wichtigste Dampflok noch an erster Stelle, es folgten Lok 16 und 11, dann die Dieselfahrzeuge. 1965 besaß die Hzl vier Dieselloks, im Jahr 2002 zehn.

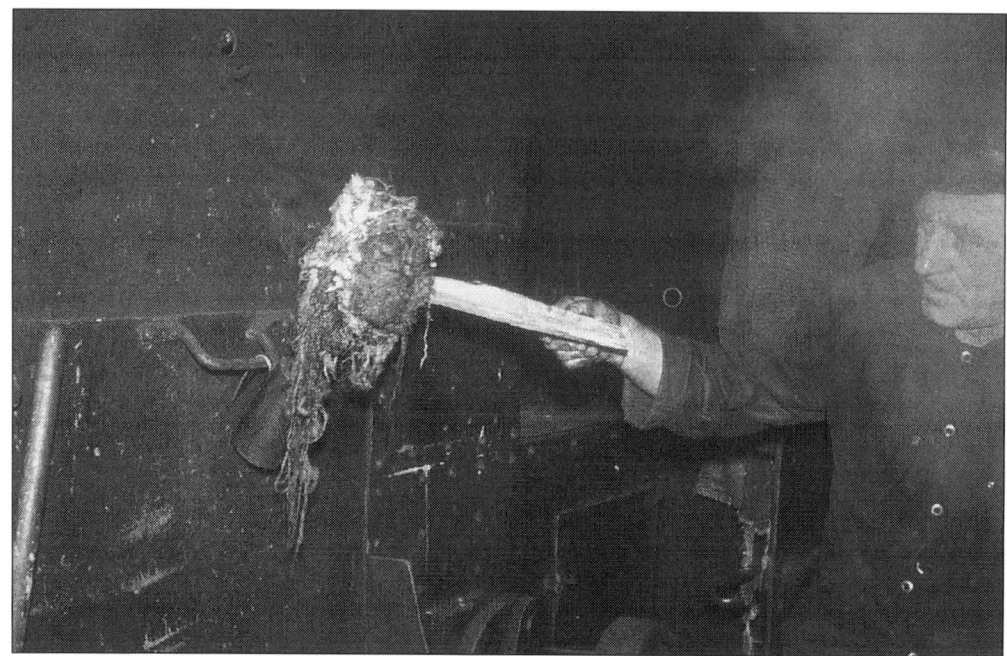

Oberheizer Fabian Eisele (1910–1973) aus Gauselfingen beim Anheizen von Lok 15 zur letzten Fahrt im Mai 1964. Dazu hat er an einer aus alten Siederohren angefertigten, auf jeder Lok vorhandenen Petroleumlampe ein Knäuel Putzwolle angezündet. Schon 1950 beklagte F. Eisele als 40-Jähriger die schwere Arbeit als Heizer.

Im „Dreier-" und im „Vierer-Schuppen" war es „kuahnacht". Rechts ist Lok 16 abgestellt. F. Eisele schaut gerade nach dem Feuer in einem der gusseisernen, mit Holz und Kohle betriebenen Öfen der Bauart „Hohenzollern". Automatische Heizungsanlagen gab es um 1910 noch nicht. Einen dieser Öfen bewahren Eisenbahnfreunde seit März 2000 auf.

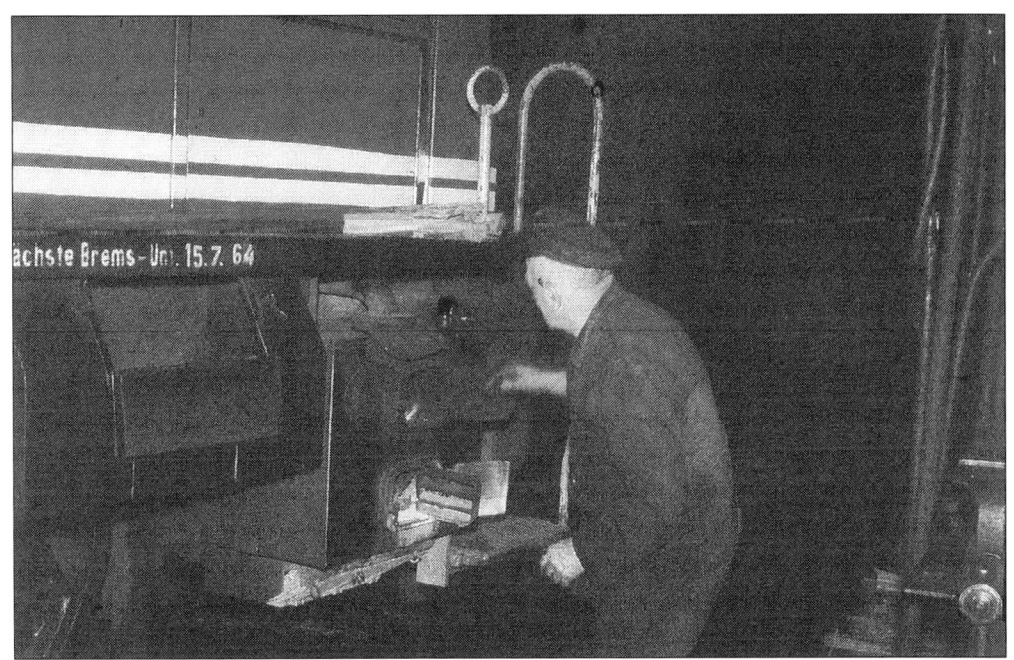

Zu den Aufgaben des „Nachtheizers" gehörte noch im Mai 1964 das Vorwärmen des Kühlwassers für die Diesellok V 82. An der Lok befand sich ein Ofen, der mit festen Brennstoffen geheizt wurde. Im Zeitalter elektrischer, programmierbarer Heizungen kann man sich das nicht mehr vorstellen. Genau dies macht das Zufallsfoto technikgeschichtlich so interessant.

Der Magazinverwalter und gelernte Hufschmied Max Liener (1913–1996) aus Hettingen zeigt im Juni 1968 einen Reserve-Ölapparat für Lok 15. Der zweiständige Lokschuppen von 1901 wurde durchgehend genutzt. Deswegen blieb er bis heute erhalten. Im Jahre 2002 werden keine Dampflok-Ersatzteile mehr aufbewahrt, sondern seit 1997 Reserve-Drehgestelle für die „Regio-Shuttles".

Oberheizer Hermann Bruder (1907–1983) ist lebenslang mit dem Fahrrad von seinem traufständigen Kleinbauernhaus „über dem Rain" in Bronnen an seinen Arbeitsplatz bei der Bahn nach Gammertingen gefahren. Seine Ehefrau Elisabeth widmete sich tagsüber der kleinen Landwirtschaft, während der Mann morgens und abends „den Stall machte". Der Samstag und die zwei Wochen Urlaub im Jahr waren mit weiteren landwirtschaftlichen Arbeiten ausgefüllt.

H. Bruder auf dem Führerstand von Lok 11 auf der „Heizerseite", Juli 1963. Die Hand hat er am Hebel zur Bedienung der Speisepumpe (Injektor). Die Beobachtung des Wasserstandes im Dampfkessel ist eine der wichtigsten Aufgaben des Heizers. Als alter Heizer hatte er immer eine Hand voll Putzwolle „im Kittelsack", also in der Jackentasche. An der öligen Dampflok gab es doch immer etwas zu putzen.

Ein lange Jahre bewährtes Gespann: Oberlokführer Heinrich Lauw (1905–1970), links, und H. Bruder auf Lok 16 im Januar 1962. Lauw trägt noch die für Lokführer typische Taschenuhr mit Uhrenkette. Der Regler, mundartlich „dr Klepfer", das Einstellrad für Vorwärts- und Rückwärtsfahrt und das Führerbremsventil sind die wichtigsten Bedienungselemente des Lokführers zum Steuern der Dampflok. Ein „Steuerrad" wie im Auto ist nicht notwendig.

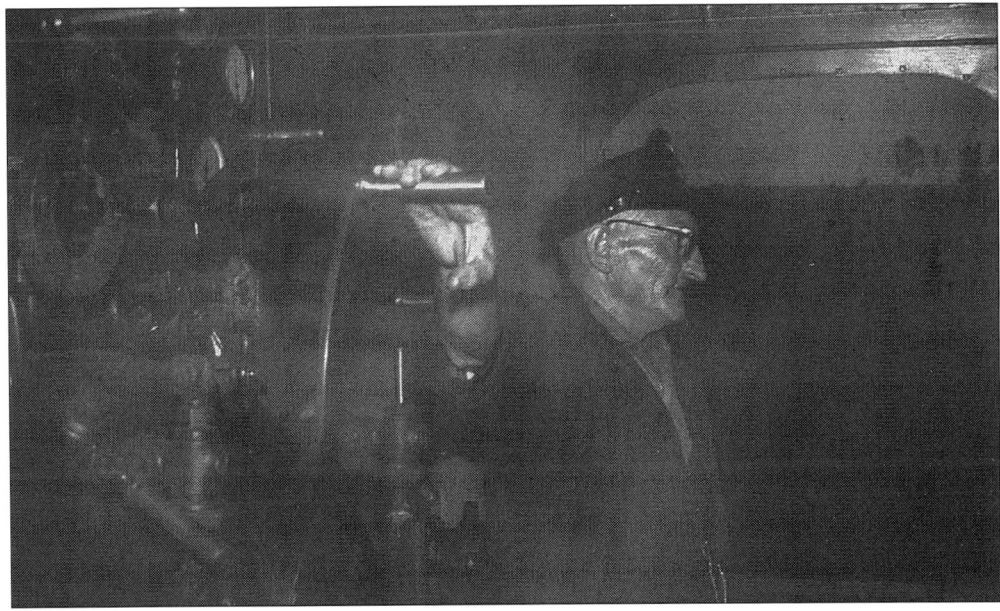

Oberlokführer H. Lauw auf Rückwärtsfahrt mit Lok 11, Juli 1963. Die Hand hat er am rot gestrichenen (Dampf-)Regler, mit dem bei Gefahr sofort die Dampfzufuhr zu den Zylindern gestoppt werden kann. Wenn der Regler aufgemacht wurde, begann die Dampflok ihr typisches Geräusch von sich zu geben. H. Lauw war 1928 wegen des Arbeitsplatzes aus dem norddeutschen Butjadingen zur HzL gekommen. Schwäbisch hat er nie gelernt.

Schweißer Wilhelm Götz (1913–1993) aus Bronnen macht im März 1964 den Portalkran vor Tor 1 gangbar, um eine neu erworbene, gebrauchte Achsdrehbank abladen zu können. Während der Dampflokzeit wurden Dampf oder glühende Kohlen im Winter immer wieder zum Auftauen benutzt. Diese Dinge waren ja auf der Dampflok in Hülle und Fülle vorhanden.

Ketten und mit Muskelkraft zu bedienende Winden und Flaschenzüge gehörten zu Beginn der Sechzigerjahre zum Handwerkszeug am Arbeitsplatz Bahnbetriebswerkstätte. Ganz rechts sehen wir Ulrich Fischer (1920–1998) in Aktion. Rechts ist der Kohlentender von Lok 16 zu sehen. Die Lok erhielt die letzte Dampflok-Hauptuntersuchung, die in Gammertingen durchgeführt wurde.

Früher kündigte die Dampfpfeife des Lokomobils die Vesperpause an, ab 1964 die Pfeife von Lok 15, die inzwischen mit Druckluft betrieben wurde. Fidel Bär (1913–1994) aus dem Gammertinger „Unterland" verbrachte seine Vesperpause immer am Schmiedefeuer. Das Foto entstand im März 1964. Wieviele Lager mögen hier gegossen worden sein? Im März 2000 wurde alles für den Neubau abgebrochen, dieses Foto bleibt als einzige Erinnerung.

Lokführer Hans Acker (geb. 1928) am Telefon im „Vierer-Schuppen", September 1968. Ob er wohl mit „Hannchen", der Ehefrau Johanna, geb. Klein, telefoniert? Acker kam 1949 auf Vermittlung des Arbeitsamtes zur HzL und schied 1988 aus. Aktentaschen sind heute aus der Mode gekommen. Im Hintergrund sieht man Lok 11. Jahrzehntelang war hier nichts verändert worden. Die verrußte Holzkonstruktion von 1922 ruhte auf großen Steinen, wie unter dem Telefonkasten ersichtlich ist.

Die Bahnbetriebswerkstätte von Süden, Dia vom Juni 1968. Links der zweiständige Lokschuppen der Oberen Laucherttalbahn von 1901, rechts die Reparaturwerkstätte für Dampfloks. Weiter rechts der Wasserturm, der die vier Wasserkranen mit schnell fließendem Wasser versorgte. Der 1908 erbaute Komplex wurde im März 2000 abgebrochen. Die Fertigstellung des Neubaus ist für Herbst 2002 geplant. Vor dem Lokschuppen steht Lok 16, erbaut 1928.

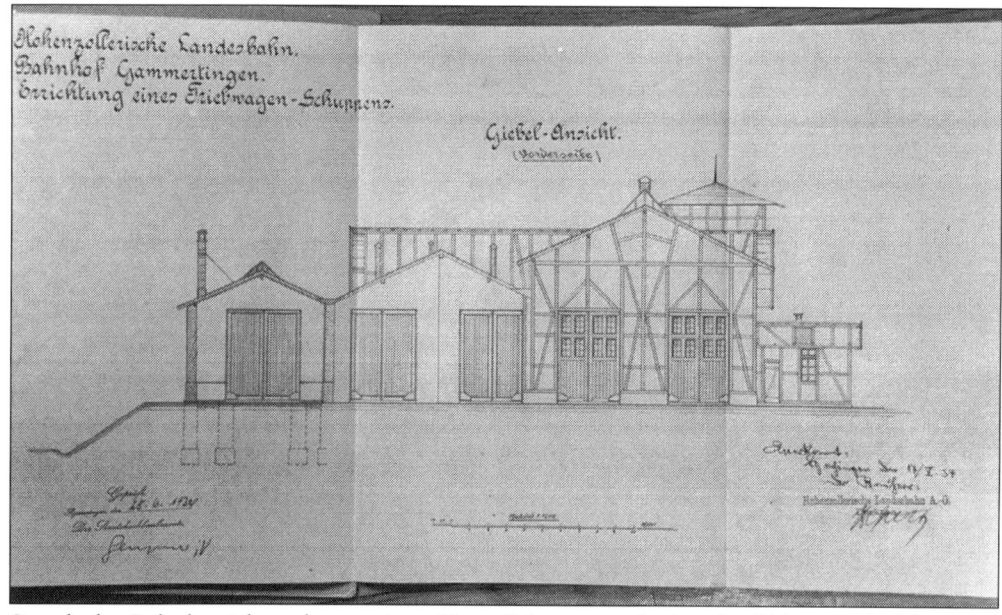

So sah das Bahnbetriebswerk zur reinen Dampflokzeit aus, die bei der HzL von 1900 bis 1934 dauerte. Auf dem Bauplan von 1934 aus dem Stadtarchiv ist links die Halle 5 für die beiden Triebwagen Tw 1 und Tw 2 als Projekt eingezeichnet. In kaum einem Menschenalter werden frühere Bauzustände zur Archivalie. Rauch, Gestank und Lärm nahmen die Nachbarn, im Gegensatz zu heute, als unumgängliche Begleiterscheinungen hin.

Die Bahnhofswirtschaft (links) existierte von 1912 bis 1993. Die Bahnhofsaborte rechts waren die ersten öffentlichen Toiletten in Gammertingen. Zwei Wasserkranen standen direkt an den Bahnsteigen. Das Kuhfuhrwerk Abt hat gerade Grünfutter geholt. Im Hintergrund erkennt man „Sebebäck's Schuir", erbaut 1887, und die Scheuer des „Zaches-Done" (Göggel), erweitert 1910. Alles wurde im Sommer 1980 abgebrochen (Sanierungsprojekt Sigmaringer Straße).

Bis Mitte der Sechzigerjahre waren lokbespannte Personenzüge bei der HzL etwas Normales. Auf dem Foto vom Januar 1962 sind zu sehen: die (erste) Diesellok V 81, der elektrische Triebwagen, Baujahr 1956 der Trossinger Eisenbahn, auf Überführungsfahrt, der Heizwagen Nr. 6 (eingesetzt 1958 bis 1964) sowie die Personenwagen-Garnitur des „Güterzuges mit Personenbeförderung" GmP 316 W Gammertingen–Haigerloch.

Die „Gölsdorf"-Maschinen Nr. 11 (links) und 12 werden in den Schuppen gefahren, Januar 1962. Auf Lok 11 steht J. Vatterodt, der 1956 aus der so genannten „Sowjetzone" kam. Davor sieht man Maschinenmeister Mathias Wannenmacher (1900–1977), gebürtig aus Rangendingen im hohenzollerischen Unterland und rechts Oberlokführer H. Lauw, der mit 57 Jahren noch lernen musste, eine Diesellok zu fahren.

Rottenarbeiter beim Reinigen der Weichen von Schnee, Dezember 1962. Rechts die Bekohlungsanlage, die 1941 wegen des hohen Kohlentenders von Lok 15 errichtet wurde. Ab 1970 bis zum Abbruch 1979 konnten Museumsloks hier noch stilrein Kohlen fassen. Das ganze Gelände wurde 1997 mit der Waschhalle und ab 2000 mit den Abstellhallen für die „Regio-Shuttles" überbaut. Rechts der Aussiedlerhof des „Zaches-Eugen" Göggel, erbaut 1962.

Nach der Rückkehr von Kleinengstingen muss der Heizer bei Lok 12 abends noch Feuerputzen, Februar 1962. Die Glut wird in die Schlackengrube geworfen und das „Ruhefeuer" gerichtet. Die Lichtmaschine surrt und das Sicherheitsventil zischt.

1962 wurde der Schnee von den Bahnsteigen noch auf umweltfreundliche Weise ohne Auftausalz beseitigt: Auf einem Niederbordwagen mit Holzaufbau (X-Wagen) aufgeladen und hier am Lauchert-Viadukt wieder heruntergeschippt. Das Bild zeigt Lokführer Vatterodt mit Lok 12. Weil Lok 11 als Museumslok auch im Jahre 2002 noch vorhanden ist, sind Fotos vom Alltagsbetrieb mit Lok 11 und 12 besonders wertvoll.

An einem Bahnübergang in Großengstingen wird der Schneepflug von der Rückseite der Lok an die Vorderseite gewechselt, Januar 1963. Das Gestänge von Lok 12 ist vereist. Das Sicherheitsventil bläst ab. Die (illegale) Lokmitfahrt von Engstingen nach Gammertingen gehört zu den schönsten Erlebnissen des Verfassers auf der Landesbahn. Die Aufnahmen dürfen 2002 veröffentlicht werden.

Im naturbelassenen Hasental, einem Trockental der Kuppenalb, macht Lok 12 mit dem Schneepflug einen unvorschriftsmäßigen Sonderhalt, damit der Schüler B. Walldorf fotografieren kann. Seine Fußspuren sind zu erkennen. Die 6x9-cm-Planfilm-Negative wurden 1997 als Sicherungsverfilmung für sechs DM das Stück angefertigt. Sie sind im Kreisarchiv Reutlingen, Bestand S13/2 hinterlegt.

3

Die Landesbahn im Laufe der Jahreszeiten

Die frisch hauptuntersuchte Lok 11, mit dem Schneepflug ausgerüstet, wartet auf dem Bahnhof Veringenstadt eine Zugkreuzung ab, Februar 1963. Das Empfangsgebäude von 1908 mit seinen Schindeln wurde 2000 von dem Triebfahrzeugführer Rupert Stauß modernisiert und für die Wohnbedürfnisse seiner vierköpfigen Familie stark verändert. Von 1956 bis 1993 war der heimatvertriebene, schwer kriegsbeschädigte Oberschlesier Bernhard Karkosz (1923–1994) Bahnagent. Er lebte mit seiner Ehefrau und drei Kindern in der engen Bahnhofswohnung.

Es rumpelte auf dem Führerstand, wenn Maschinenmeister Wannenmacher mit Lok 12 auf den zwölf Meter langen Schienenstößen der Engstinger Strecke mit dem Schneepflug fuhr. Deshalb wurde das Foto unscharf. Weil sein Vater Imker war, wurde Mathias Wannenmacher in seinem Geburtsort Rangendingen „s'Schmalzers" genannt. Das diente dort zur Unterscheidung von den zahlreichen Familien gleichen Namens.

Heizer Weber (geb. 1922, gestorben um 1985) beobachtet die Strecke von der Heizerseite aus, die Hand am Hebel zur Bedienung der Wasserspeisepumpe. An jedem Bahnübergang rief der Heizer dem Lokführer „frei" zu, was dieser dann bestätigte. Zahlreiche Bahnübergänge entfielen durch die Flurneuordnung und damit auch das „Läuten und Pfeifen".

Lok 12, Schneepflugfahren bei Gammertingen Richtung Neufra. Schneepflug wurde gefahren, „ge Engschtinga naus", „ge Binga nei" und „ge Burladinga num". Der Dialekt beschreibt die geografische Lage der Stationen zueinander.

Mit dem „Spritzzug" unterwegs auf dem Bahnhof Veringendorf, Juli 1962. Lok 141 mit dem Behälterwagen X 100, der nur für die Unkrautvertilgung vorgehalten wurde. Undosiert wurde das Spritzmitttel alljährlich auf dem ganzen Netz samt den Nebengleisen verteilt.

Der Hohenzollerische Pilgerzug fuhr im September 1963 zum letzten Mal mit 13 HzL-Personenwagen, davon fünf Vierachser Baujahr 1908 und acht Zweiachser Baujahre 1899 bis 1901, an den Gnadenort Beuron. Die Aufnahme zeigt den Blick von der im Bau befindlichen Straßenbrücke bei Inzigkofen. Langjähriger Lokführer der Pilgerzüge war Karl Reichle (1922–2001), Pilgerführer war Dekan Eugen Wessner (1914–1994), die beide in Ägypten in Kriegsgefangenschaft waren.

6.7.1979 100. Pilger-Sonderzug	6.7.1979 100. Pilger-Sonderzug	6.7.1979 100. Pilger-Sonderzug	6.7.1979 100. Pilger-Sonderzug	6.7.1979 100. Pilger-Sonderzug
Bad Imnau Altötting	Bingen (Hohenz) Altötting	Burladingen Altötting	Gammertingen Altötting	Gauselfingen Altötting
und zurück am 9.7.79	und zurück am 9.7.79	und zurück am 9.7.79	und zurück am 9.7.79	und zurück am 9.7.79
2.Kl. 91,50 DM	2.Kl. 81,30 DM	2.Kl. 86,50 DM	2.Kl. 85,10 DM	2.Kl. 86,50 DM
H siehe Rückseite R	H siehe Rückseite R	H siehe Rückseite R	H siehe Rückseite R	H siehe Rückseite R
Bad Imnau Altötting Pilger-Sonderzug	Bingen (Hohenz) Altötting Pilger-Sonderzug	Burladingen Altötting Pilger-Sonderzug	Gammertingen Altötting Pilger-Sonderzug	Gauselfingen Altötting Pilger-Sonderzug
0006	0021	0054	0052	0011
HzL Wechselverkehr	HzL Wechselverkehr	HzL Wechselverkehr	HzL Wechselverkehr	HzL Wechselverkehr
6.7.1979 100. Pilger-Sonderzug	6.7.1979 100. Pilger-Sonderzug	6.7.1979 100. Pilger-Sonderzug	6.7.1979 100. Pilger-Sonderzug	6.7.1979 100. Pilger-Sonderzug
Hart (Hohenz) Altötting	Hausen-Starzeln Altötting	Ehingen (Donau) Altötting	Hechingen Landesb Altötting	Hermentingen Altötting
und zurück am 9.7.79	und zurück am 9.7.79	und zurück am 9.7.79	und zurück am 9.7.79	und zurück am 9.7.79
2.Kl. 89,50 DM	2.Kl. 87,50 DM	2.Kl. E 71,50 DM	2.Kl. 88,50 DM	2.Kl. 83,70 DM

Fahrkarten zum 100. Hohenzollerischen Pilgerzug nach Altötting am 6. Juli 1979. Von 1925 bis 1992 fuhren mit kriegsbedingten Unterbrechungen Pilgerzüge, zunächst nach Maria Einsiedeln. In den Fünfzigerjahren brachte der legendäre vierachsige Triebwagen VT 3 Pilger nach Altötting. Jahrzehntelang hatten die Fahrkarten ihr Erscheinungsbild beibehalten, bis der Computer Einzug hielt.

Ein Teil des Hohenzollerischen Pilgerzuges mit Diessellok V 82, von 1958 bis 1979 bei der HzL, ist auf dem Bahnhof Beuron hinterstellt. Im Hintergrund sieht man die imposante Felskulisse des Donautals. 1963 war nicht vorstellbar, dass die HzL ab 1990 im Zuge der Regionalisierung planmäßig durch das Donautal fahren würde. Seit 1995 liegt in Beuron nur noch das Streckengleis. Die Sonderhaltestelle für Pilgerzüge ist in Vergessenheit geraten.

Mit Kreuz und Fahnen werden die hohenzollerischen Pilger am Bahnhof abgeholt und zur 1901 erbauten Gnadenkapelle geleitet. Mit Aktentasche Pilgerführer E. Wessner. Stets wird die vom Fürstenhaus gestiftete hohenzollerische Pilgerfahne mitgeführt. 1973 waren von der Bundesbahn gemietete „Silberlinge" als Personenzugwagen im Einsatz.

Der Pilgerzug hält auf dem Bahnhof Jungingen, Mai 1972. Lok 11 wird von Bad Imnau bis Gammertingen als Heiz- und Schublok mitgeführt. Als Lokheizer fungierte der frühe Eisenbahnfreund Fritz Bumiller (1924–1975), der beruflich Fabrikheizer bei Fauler in Burladingen war. Bis 1970 konnte man auf Lok 16 als Heizlok zurückgreifen. Von 1975 bis etwa 1994 existierte wieder ein Heizwagen – ein Ölbrenner in einem alten gedeckten Güterwagen –, der für die Pilger- und die Militärzüge Verwendung fand.

Zugkreuzung auf dem Bahnhof Jungingen am 24. Januar 1963. Lok (16 und 141) mit Triebwagen VT 1, angehängt ohne Kraftabgabe ist ein Schienenbus, der von 1951 bis 1970 existierte. Das Empfangsgebäude, aufgestockt um 1912, wurde im September 1978 von einem Erdbeben beschädigt und wurde um 1988 abgebrochen. Heute ist Jungingen ein moderner, unbesetzter Kreuzungsbahnhof mit Rückfallweichen und einer offenen Wartehalle.

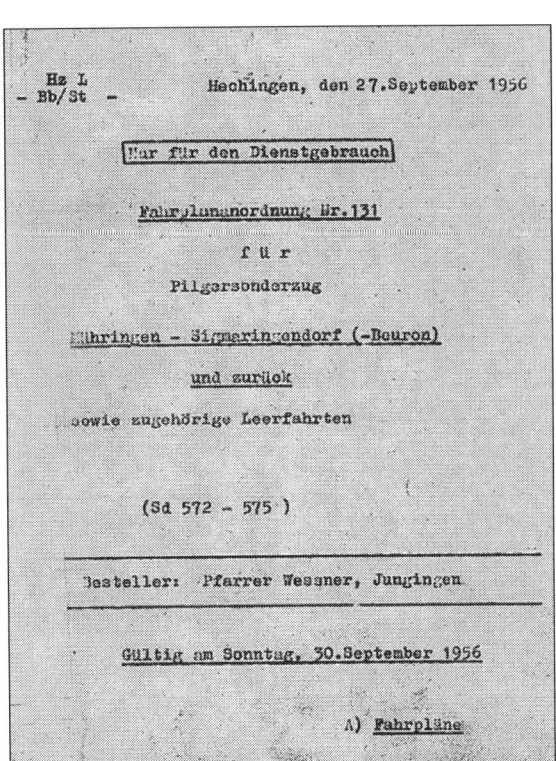

Fahrplananordnung vom 27. September 1956 für den Pilgersonderzug ab Mühringen 4 Uhr 06, Ankunft in Beuron um 8 Uhr 35. Bis Gammertingen wurde die in Haigerloch stationierte Lok 21 eingesetzt und ab Gammertingen Lok 15. „Die Betriebswerkstätte sorge für ausreichende Bekohlung von Lok 15, die Last des Sonderzuges beträgt 200 bis 230 Tonnen."

Lok 141 mit dem Stationskohlenzug am 24. Januar 1963 bei Schlatt. Im Schlepp die kalte Lok 16, die von Haigerloch nach Gammertingen zur Hauptuntersuchung überführt wird. Im Mittelgrund türmt sich der Albtrauf mit Schlatterwand und Weilerkopf auf.

Im September 1962 wurden die Bahnhöfe mit Kohlen für das Heizen der Diensträume und der Warteräume versorgt, hier auf dem Bahnhof Mägerkingen mit Lok 141. Den Luxus, einen geheizten Warteraum vorzufinden, kann man sich im Zeitalter der Fahrkartenautomaten nicht mehr vorstellen. Der Packwagen von 1901 mit seinem hölzernem Aufbau ist auch 2002 noch betriebsfähig vorhanden. Fahrkartenautomaten sind bei der Hzl seit 2002 in Betrieb, seit Einführung des Verkehrsverbundes „NALDO" (Neckar–Alb–Donau).

Lok 141 mit Lok 16 im Schlepp hat die Europäische Wasserscheide Rhein/Donau vom Killertal zum Fehlatal überwunden. Mehrere Wochen herrschte im Jahrhundertwinter 1962/63 klirrende Kälte, sodass der Bodensee zufror. Man nennt dieses Phänomen „Seegfrörne".

Der Bahnhof Rangendingen wird mit „Hausbrand" versorgt. Bis 1993 war das Empfangsgebäude besetzt. Es soll 2002 verkauft werden. In der Bildmitte Lokführer Adolf „Adi" Jeschke (1939–1996). Das an Lok 141 sichtbare Fabrikschild von der Hohenzollern AG Düsseldorf wurde 1965 im Direktionsgebäude in Hechingen aufgehängt, wo es auch heute noch vorhanden ist.

Der Bahnagent Kleindienst hat den Güterschuppen des Empfangsgebäudes des Bahnhofs Friedrichstraße-Sickingen aufgeschlossen. Rottenarbeiter laden die Kohle zentnerweise aus einem Waggon aus. Kleindienst war einarmiger Invalide des Zweiten Weltkrieges, von denen es in den Sechzigerjahren noch eine ganze Anzahl gab. Seit Jahrzehnten ist der Bahnhof Friedrichstraße an einen Jäger vermietet, der eine DM Miete pro Tag bezahlt.

Ein Märzmorgen im Jahre 1962 auf dem Bahnhof Gammertingen. Lok 15 ist zur Fahrt nach Stetten voll bekohlt, die Lichtmaschine summt, die Luftpumpe zischt. Der große Wasserkran zwischen Gleis 2 und 3 stand bis 1979. Der Triebwagenanhänger stammt von 1934 und war bis 1978 in Betrieb.

Lok 15 mit Tender voraus in voller Fahrt im Mai 1962 im Hochtal der Fehla zwischen Gausel-fingen und Burladingen, mit dem Güterzug mit Personenbeförderung GmP 298 W Gammertin-gen–Hechingen.

4

Dampfloks, Triebwagen und Dieselloks befahren das Stammnetz

Im Mai 1962 war der Bahnübergang der Bundesstraße 32 zwar mit Warnlichtern, aber noch nicht mit Halbschranken ausgerüstet. Rechts wartet ein Goggomobil, ein häufiges Automodell dieser Zeit. Dampf umspielt die „Ventilsteuerung nach Patenten der Maschinenfabrik Esslingen". 1979 wurde die Bundesstraße 32 in diesem Bereich neu trassiert.

Blick aus einem typischen Landesbahn-Personenzug mit den Zweiachsern und Vierachsern auf Lok 15 an der Spitze – hier auf der Strecke Jungingen–Schlatt im Sommer 1961. Mit etwa 170 Personen war der Zug ab Schlatt ziemlich voll besetzt. Die Aufnahme wurde mit der Kleinbildkamera Dacora-dignette des Kamerawerks Reutlingen gemacht, die von 1960 bis 1969 in Benutzung war.

Im modernisierten vierachsigen Personenwagen von 1908: Die Gepäckablagen wurden vereinfacht und die Wagen mit der automatischen WEBASTO-Heizung ausgerüstet. Das Bild zeigt Gammertinger Fahrschüler der Jahrgänge 1944 bis 1947 auf der Fahrt ins Gymnasium nach Hechingen, März 1964. Von links nach rechts: Sonja Kast (1945–1989), Uwe Störmer, Hannes Wolf, Dieter Reinhard, Ecki Groening (seit 1972 in Peru) und Christa Wagner aus Mariaberg.

Nach der Ankunft des GmP 298 W auf dem Hechinger Landesbahnhof veranlasst der Lokführer von Lok 21 das Ausblasen der Dampfheizung der Personenwagen, bevor sie abgestellt werden. In den Dampfleitungen soll sich kein Kondenswasser bilden. Das Foto entstand im März 1962.

Der gemeinsame Sand- und Dampfdom war zwischen 1904 und 1914 das charakteristische Merkmal der in der Maschinenfabrik Esslingen hergestellten Lokomotiven, zu denen die hier abgebildete Lok 21, Lok 22 sowie Lok 11, 12 und 15 gehörten.

Hechingen im Januar 1962. Der Wasserkran ist eingefroren. Lokführer H. Acker behilft sich zum Auftauen mit einer Kohlenschaufel voll Glut, die er der Feuerbüchse von Lok 15 entnommen hat. Der Wasserkran wurde erst 2001 abgebrochen. Am Führerhaus sieht man K. Bretag.

Hechingen am 31. Oktober 1961. Die vier Mann Zugbegleitpersonal des Güterzuges G(St) 305 W beim Kohlenfassen mit Lok 16. Zu erkennen sind Lokführer Vatterodt und O. Wannenmacher als Heizer. Zugführer Hans Illguth (1920–1975) und Bremser Georg Schmid aus Hart. Schmid war 35 Jahre bei der HzL, er wurde 1989 pensioniert und starb im Jahre 2001. Rechts steht der zweite Wasserkran des Hechinger Landesbahnhofs.

Lok 21 rangiert am 6. Dezember 1961 auf dem Hechinger Landesbahnhof. Auf dem Wasserbehälter auf der Heizerseite liegen ein langer Schürhaken und eine Spezialschaufel, zum Feuerputzen und um die Rauchkammer zu leeren. Einige dieser Werkzeuge fanden seit 1987 im Technikmuseum in Mannheim eine Bleibe. Im Hintergrund liegt der identitätsstiftende Zeugenberg, der Hohenzoller, mundartlich „dr Zoller" genannt.

Der Güterzug 305 mit Lok 21 hält am 6. Dezember 1961 in Schlatt. Rechts sieht man Bahnagent Glamser, der bei jedem Güterzug zur Entgegennahme und Abgabe von Stückgut anwesend sein musste, ebenso rechtzeitig vor der Ankunft und Abfahrt der Personenzüge, um die Fahrkarten zu verkaufen.

Das Empfangsgebäude von Schlatt wurde 1901 erbaut und 1976 abgebrochen, weil es inzwischen ohne Funktion war. Das Bild zeigt einen Bauplan aus der Akte „Feuerversicherung der Bahngebäude" aus dem Staatsarchiv Sigmaringen, Depositum-Nr. 43.

Lok 141 hält in Schlatt, um die Kohlen für den Bahnagenten Glamser auszuladen, September 1962. „Am Rampen" lehnt das Fahrrad, mit dem der Verfasser als 17-jähriger Schüler diesen Arbeitszug verfolgt hat, um zu fotografieren. Oft ist er auch per Autostopp gefahren, damit die hier veröffentlichten Bilder entstehen konnten.

Von 1957 bis 1963 sah man des öfteren die Kombination Dampf- und Diesellok vor Güterzügen. Hier schleppt V 82 die liegen gebliebene Lok 15 mit Güterzug 305 aus Jungingen ab, April 1963. Links ist der legendäre Triebwagen VT 3 zu sehen.

Lok 21 mit dem langen Güterzug mit Stückgutbeförderung G(ST) 305 W in voller Kraftentfaltung an der Steilstrecke 1:36 Jungingen–Killer, 6. Dezember 1961. Wegen des Weihnachtsverkehrs wurden zwei HzL-Packwagen in dem bunt gemischten Güterzug mitgeführt.

Zugkreuzung auf Bahnhof Killer am 6. Dezember 1961. Ein „neuer" Triebwagen, hergestellt 1960 im MAN-Werk Nürnberg, ist als zweiter Zug in Gleis 2 eingefahren. Der Heizer von Lok 21 nutzt den Aufenthalt, um Dampf zu machen, wie man an der Rauchsäule sieht. Der Schopf des „Veit-Sepp" Josef Pfister, Strohhändler aus Ringingen, brannte wenige Wochen später ab.

Der Albtrauf im Killertal gehört zu den schönsten Landschaften, welche die HzL durchfährt. Hier Lok 15 vor dem Bahnübergang der B 32 bei Killer mit der 1953 wieder aufgebauten Starzelbrücke. Die Vorgängerbrücke von 1901 war im April 1945 von der Wehrmacht gesprengt worden. Im Hintergrund steht ein albtypischer Bauernhof.

Zwischen 1940 und 1957 besaß die HzL zehn Dampfloks, die hier aufgeführt sind. Von 1900 bis 1970 waren insgesamt 17 Dampfloks bei der HzL im Einsatz. Sie trugen folgende Betriebsnummern: 1d-6d, 1c-2c, (ab 1938 7 und 8) für die zweiachsigen Loks; 11, 12, 14, 15 und 16 für die vierachsigen Loks; Nr. 141 und 142 für die dreiachsigen Loks. Die Belastungstafel gibt die zulässige Zuglast in Tonnen für die jeweiligen Lokomotiven an. Lok 15 konnte z.B. von Jungingen bis Burladingen 235 Tonnen ziehen, von Gammertingen bis Hanfertal jedoch über 665 Tonnen befördern. Die Informationen stammen aus der Sammlung betrieblicher Vorschriften SbV, Ausgabe 1941.

Nr. 99   — 62 —   Anlage 33

Belastungstafel I

für die Grundgeschwindigkeit von 40/20 km/Stunde

1	2	3	4	5	6	7	8	9	10	11	12	13
Zulässige Zuglast in Tonnen für Lokomotive						Betriebsstellen	Zulässige Zuglast in Tonnen für Lokomotive					
Nr. 15	Nr. 14	Nr. 21 22	Nr. 141 142	Nr. 11 12	Nr. 7		Nr. 7	Nr. 11 12	Nr. 141 142	Nr. 21 22	Nr. 14	Nr. 15
495	450	315	240	220	160	ab Eyach						
435	370	260	210	190	110	„ Bad Imnau ab	350	470	580	765	900	980
250	220	180	155	130	85	„ Stetten Pbf „	350	470	580	765	900	980
290	240	220	190	170	100	„ Hart „	110	170	205	240	280	350
290	240	220	190	170	100	„ Rangendingen „	110	170	205	240	280	350
250	220	180	155	130	85	„ Heckingen „	350	470	580	765	900	980
235	205	160	140	125	80	„ Jungingen „	350	470	580	765	900	980
665	600	500	450	400	300	„ Burladingen „	350	470	580	765	900	980
270	240	190	155	135	85	„ Neufra „	110	200	230	290	370	435
665	600	500	425	350	175	„ Gammertingen „	80	130	140	180	220	250
665	600	500	425	350	175	Sigmaringen ab	80	130	140	163	210	250
435	360	280	220	190	110	ab Kleinengstingen						
700	650	600	550	450	250	„ Haidkapelle ab	300	450	500	600	650	700
						Gammertingen ab	160	210	240	300	380	450
435	360	280	220	190	110	ab Sigmaringendorf						
						Hanfertal ab	200	300	350	400	500	600

Die vorstehend aufgeführten Zuglasten dürfen nicht überschritten werden.

Lok 15 mit abblasendem Sicherheitsventil in voller Kraftentfaltung bei Hausen i.K. Die Bundesstraße wurde in diesem Bereich 1985 vollkommen neu trassiert (siehe Seite 20). Im Hintergrund erkennt man eine typische Wacholderheide der Alb. Der Zug hat vier Mann Personal, Lokführer und Heizer schauen aus der Lok, Zugführer und Bremser aus dem Packwagen. 2002 fahren die Güterzüge im Ein-Mann-Betrieb. Es gibt unterwegs nichts mehr ein- und abzustellen.

Nach Überwindung von 250 Metern Höhenunterschied ab Hechingen muss in Burladingen Wasser gefasst werden. Den Wasserkran bedient Kurt Bretag (1921–1976), auf der Lok Karl Reichle (1922–2001). Reichle erlebte im Jahre 1986 sein 50-jähriges Dienstjubiläum als aktiver Lokführer. An diesem Wasserkran fasste bis 1974 noch die Museumslok 11 ihr Wasser.

Lok 16 mit Güterzug 305 auf dem Bahnhof Burladingen im Januar 1962. Wandel allenthalben: Der Wartesaal links wurde 1940 vergrößert. Bis 1997 war der Bahnhof Burl mit einem örtlichen Betriebsbediensteten (ÖBb) besetzt. Seit Einführung der Streckensicherung (Stresi) existiert hier nur noch ein unbesetzter Kreuzungsbahnhof mit Rückfallweichen. Die Fabrikschornsteine der Textilindustrie sind verschwunden.

Auch Lok 12 muss nach dem Erklimmen des Albaufstiegs in Burladingen Wasser fassen, März 1962. Rechts O. Wannenmacher und Lokführer Josef Burkhart, genannt „Burkhart-Peppe" (geb. 1923). Sein Vater Johann Burkhart (1887–1978), der „Nagel-Hannes", war jahrzehntelang Zugführer. Der Großvater des Lokführers Burkhart war einer der letzten Nagelschmiede im Gammertinger „Vorstädtle".

Vor dem Vespern gibt es auf Dampflok 16 genug Gelegenheit, sich die Hände zu waschen. Hier sieht man Lokführer Josef Simmendinger an der ständig tropfenden Wasserspeisepumpe, Januar 1969. Simmendinger, geb. 1929, stammt aus Killer, aus der Familie der „Basiles". Er war von 1943 bis 1992 bei der Bahn beschäftigt.

Zwischen Putzwolle und Schürhaken wird das Vesper ausgepackt. Das Wasserstandsglas mit der Handlampe und der Griff zum Betätigen der Feuertür sind gut zu erkennen. Das Originalfoto ist ein Farbdia, mit Weitwinkelobjektiv 25 mm aufgenommen.

Lokführer Josef Vatterodt (1898–1968) auf Lok 16, die Hand am Dampfregler, 31. Oktober 1961. Man vergleiche diesen Arbeitsplatz und die grobe Mechanik mit dem Arbeitsplatz von heute auf einer funkferngesteuerten Diesellok und mit miniaturisierten Bedienungshebeln. Die technischen Entwicklungen im Eisenbahnwesen seit 1900 haben auch bei der HzL ihren Niederschlag gefunden.

Auf der Steigung 1:40 an den bewaldeten Hängen im Fehlatal bei Neufra am 17. April 1962. Da Lok 12 nicht mit allen Wagen des Güterzuges 305 die Fehlahöhe überwinden konnte, wurden einige Waggons in Neufra hinterstellt. Diese wurden dann in einer Sonderfahrt nach Gammertingen geholt. Die „Knüppelwagen" mit Roheisen sind für das Fürstlich Hohenzollerische Hüttenwerk in Laucherthal bestimmt.

Anhand von fünf Bildern soll der Ablauf der Geschichte des kleinen HzL-Bahnhofs Gauselfingen dokumentiert werden. Hier ein Foto aus der Gemeindechronik des Dorfes. Die Petroleumlampe und die Kleidung der Menschen lassen darauf schließen, dass das Foto etwa 1910 entstand.

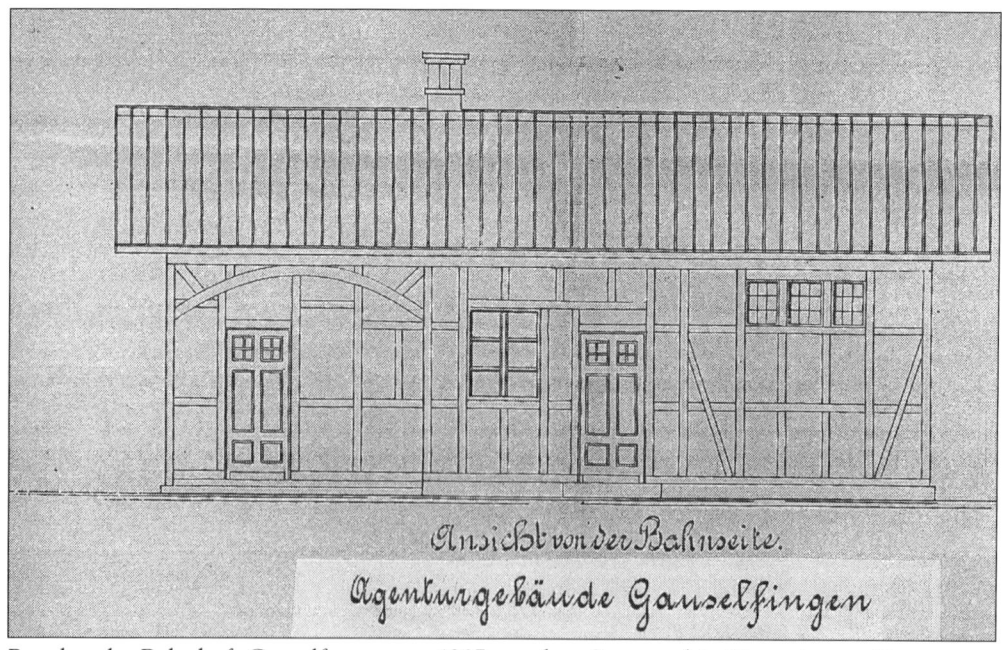

Ansicht von der Bahnseite.

Agenturgebäude Gauselfingen

Bauplan des Bahnhofs Gauselfingen von 1907 aus dem Staatsarchiv Sigmaringen, Depositum-Nr. 43. Der Bahnhof wurde 1976 abgebrochen. Die Empfangsgebäude von Neufra, Veringendorf und Jungnau waren spiegelbildlich identisch gebaut.

Zeitgenössische Ansichtskarte von etwa 1910. Gerne wurde der Bahnhof als Tor zur Welt mit abgebildet. Das Aborthäuschen wurde in den Fünfzigerjahren beim Teeren des Vorplatzes beseitigt. Nur in Hanfertal steht im Jahre 2002 noch ein solcher Abort, weil der niemand störte. Die Gauselfinger waren um 1900 arm. In den Sechzigerjahren besaß der Ort so viele (Textil-)Arbeitsplätze, wie der Ort Einwohner hatte.

Lok 15 mit Güterzug 305 in Gauselfingen, Januar 1962. Im Vordergrund erkennt man eine Handweiche. Sie hat schon längst ausgedient, denn seit 1985 ist Gauselfingen ein moderner, unbesetzter Kreuzungsbahnhof mit beheizten Rückfallweichen. Rechts steht das Fabrikgebäude von 1911 und die Fabrikantenvilla von Emmerich Maier (JERCOMA).

Bahnagent Adolf Kanz (1900–1980) sorgt für Ordnung um das Agenturgebäude von Gauselfingen, Mai 1964. Dazu hat er von seiner Nebenerwerbslandwirtschaft den einachsigen Handkarren mitgebracht, um darin das gemähte Grünfutter für sein Vieh nach Hause mitzunehmen.
Der Handkarren war ein landschaftstypisches Gerät im Fehla- und Killertal.

Lok 141 verlässt mit einem Hzl-Packwagen den Bahnhof Gauselfingen, August 1963. Im Vordergrund sind Vater und Sohn Maier mit einem Kuhfuhrwerk unterwegs, um Grünfutter zu
holen. Links der Fabrikbau des „Schwanen-Maier", der erste Stahlbeton-Bau im Ort und seit den
Achtzigerjahren ein alternatives Wirtschaftsprojekt. Rechts davon steht die Textilfabrik von
Zintgraf, die seit etwa 1995 leer steht.

Schlittenfahrende Kinder winken der aus Gauselfingen ausfahrenden Lok 15 zu, Dezember 1963. In Zukunft ist auf der Strecke Richtung Neufra eine Höchstgeschwindigkeit von 80 Kilometern in der Stunde zugelassen.

Lokführer Willy Schorp, geb. 1920, auf Lok 15, mit Güterzug 305, die Hand am Führerbremsventil, Dezember 1963. 1935 begann Schorp als Maschinenschlosser-Lehrling, 1939 wurde er zur Wehrmacht eingezogen. 1949 legte er die Lokführerprüfung ab. Im November 1983 wurde Schorp nach 49-jähriger Tätigkeit ehrenvoll aus dem Landesbahn-Dienst verabschiedet.

In Neufra fährt die HzL mitten durch den Ort, hier im August 1963. Beim Bahnbau 1908 mussten einige Häuser weichen und mehrere Scheunenanbauten – mundartlich „Wiederkehr" – der
Bahntrasse angepasst werden. Auf die Besitzer kam ein unverhoffter Goldmarksegen in Form
von Entschädigungszahlungen der Bahn nieder. Im Rahmen der Sanierung der Kirchstraße
wurden diese Fachwerkhäuser 1991 abgebrochen.

Lok 16 fährt in einem Bedarfsgüterzug durch Neufra, Februar 1970. Der Fachwerkgiebel des
Bruckschuhmacherhauses Thomas Türk, der das Ortsbild prägte, wurde wenige Monate später
abgerissen. Willy Stauss, geb. 1921, erbaute die Doppelhaushälfte in der Rathausstraße 16 als
Nachfolgebau. Türk und Specker, genannt „Glätze", waren seine Vorgänger.

Lok 141 überquert mit einem Arbeitszug die Alte Steige in Gammertingen, August 1963. In dem weißen, giebelständigen Haus wohnte der Materialausgeber Josef Reiser (1903–1983). Die erste Brücke wurde 1908 eingesetzt und am 24. April 1945 von der Wehrmacht gesprengt. Die hier abgebildete Brücke erfüllte ihren Zweck bis zum März 1975. Dann wurde sie durch eine Beton-Fertigteilbrücke ersetzt.

Lok 141 holt den zweiten Teil des Güterzuges 305 ab, der in Neufra hinterstellt ist, März 1964. Die „Herdlebuche", eine typische Weidebuche der Alb bei Gammertingen, wurde im Januar 1978 und noch einmal im Februar 1990 von Stürmen schwer beschädigt. Im Vordergrund sieht man Theaterdirektor Hans Theile (1883–1980), dessen Wandertheater seit 1940 in Gammertingen seinen Sitz hatte.

Alex Oßwald (1881–1979), gelernter Küfer und später langjähriger Zugführer bei der HzL und sein Sohn Wilhelm, von Beruf Sattler, waren von etwa 1915 bis zum Abbruch des Neufraer Empfangsgebäudes im Jahre 1977 Bahnagenten. Seit 1994 gibt es hier ein ansehnliches Haltestellenhäuschen aus den ansprechenden Materialien Holz und Ziegel mitsamt einem Fahrradständer.

Zugkreuzung auf dem Bahnhof Neufra im November 1963. Lok 11 ist mit dem Arbeitszug ins Nebengleis gefahren, um dem Güterzug mit Stückgutbeförderung G(St) 305 W mit V 82 die Durchfahrt zu ermöglichen. Links ist noch die Viehverladerampe sichtbar. Im Hintergrund erkennt man die neugotische Pfarrkirche St. Mauritius, erbaut 1862. Ihr Vorgängerbau stammte aus dem Jahre 1604.

Lok 15 bläst auf dem Bahnhof Neufra ab, November 1963. Sie brauchte die volle Kesselleistung zur Überwindung der anschließenden 1:40 Steigung. Lokführer Kurt Bretag (1921–1976) kam 1956 aus der sowjetisch besetzten Zone zur HzL.

Lok 141 und als Vorspann Lok 12 beim Dampfmachen auf dem Bahnhof Neufra, September 1962. Beide Lokheizer haben die Bläser eingeschaltet und Kohle nachgelegt. Bis etwa 1993 trugen die Zugbegleiter graue Arbeitsmäntel und nicht die heute übliche orange Schutzkleidung.

Lok 15 hat als Vorspannlok Lok 141 geholfen, die „verlorene Steigung" zwischen Neufra und Gammertingen zu überwinden. Im Vordergrund liegt die Flur „Äußere Lochern", die ab August 1980 mit 18 Bauplätzen bebaut wurde. Im Hintergrund sieht man das Eggertsbühl mit seinen schmalen Äckern, mundartlich „ein Rain, ein Riemen". 1986 translozierte der „Quido-Franz" Göggel einen Schopf an die Fehlahöhe. 1995 folgte der „Bucken-Weber" mit seinen Schöpfen.

Bau des Durchlasses zum Müllerstal bei Neufra im Jahre 1908 mithilfe italienischer Saisonarbeiter. Es fanden aber auch Einheimische Beschäftigung, wie etwa Stanislaus Türk (1877–1947) genannt „Stenes". Dessen Urenkel Gerhard Wiesner, geb. 1961, feiert im Jahre 2002 sein 25-jähriges Dienstjubiläum als Lokführer.

Lok 12 fährt am 17. April 1962 mit mehreren Knüppelwagen – Roheisen für das Hüttenwerk Laucherthal – über diesen Durchlass. Die aus den beiden Sicherheitsventilen austretende Dampfsäule zeigt, dass Lok 12 mit voller Belastung kaum 10 Kilometer in der Stunde schnell ist.

Lok 141 überquert mit dem Güterzug 305 den alten Verkehrsweg der Alten Steige in Gammertingen, September 1963. Die spitzgiebeligen, aus Kalkbruchstein und Fachwerk erbauten, uralten Bauernhäuser ducken sich entlang der Strecke. Links der Hof von Felix Bär (1883–1969) rechts „Hiischwiits Käer", der um 1860 erbaute Felsenkeller der ehemaligen Brauerei des Gasthofs „Zum Hirsch". „Hirsch"-Wirt Kuno Schmid (1873–1963) verkaufte ihn an F. Stehle.

Lok 12 fährt mit einem Teil des Güterzuges 305 – 140 Tonnen sind eine volle Last für Lok 12 – in Gammertingen ein, März 1962. Zwei Personenwagen und der Heizwagen Nr. 6 werden vom Arbeiterzug 298 Gammertingen–Hechingen zurückgeführt. Das Gelände im Vordergrund hat um 1975 die Familie Nitsche mit einem Wohnhaus bebaut.

Die Diesellok V 82, von 1958 bis 1979 bei der HzL, in der Steilstrecke 1:36 zwischen Hausen und Burladingen, November 1962. Links liegt der Himmelberg. Der Packwagen für das Stückgut und der Personenwagen zur Bedienung des örtlichen Verkehrs stammen von der Erstausstattung der HzL aus dem Jahre 1901. V 82 wurde 1990 noch als Bauzuglok in Italien gesichtet.

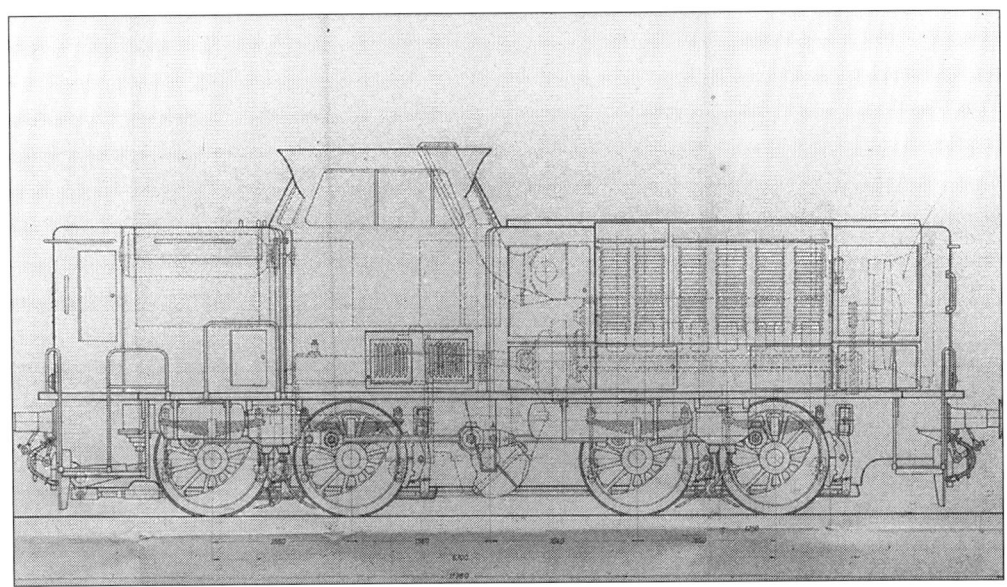

Herstellerzeichnung der Maschinen-Aktiengesellschaft Kiel (MaK). Die bis 1963 beschafften HzL-Dieselloks hatten noch Stangenantrieb. Dieser war wartungsintensiv, weil die Lager jeden Tag geölt werden mussten. V 82 hatte einen langsam laufenden 850 PS Motor.

Lokführer Otto Wannenmacher (1929–1980) im Oktober 1961 auf der Diesellok V 82. Er war der Sohn des Maschinenmeisters M. Wannenmacher. 1958 waren die Fahrhebel und das Führerbremsventil noch mechanisch zu bedienen und stabil ausgeführt. In den heutigen Führerständen sind die Hebel viel kleiner.

Lokführer und Kriegshalbwaise Willy Wittner (1934–2001) aus Bronnen im Januar 1962. Sein Sohn Günter wurde ebenfalls Triebfahrzeugführer. Die Betriebs-Nr. wurde von Maler Fecht (1906–1977) von Hand aufgemalt. Das Landesbahn-Logo gibt es erst seit 1985. V 81 war von August 1957 bis 1996 im Einsatz und ist 2002 noch abgestellt vorhanden.

Der Landesbahnhof Hechingen im November 1962. Umladen mit Fahrdienstleiter Baatz vom Elektrokarren (erbaut 1956 von der Maschinenfabrik Esslingen, im Einsatz bis 1994) in den Güterzug mit Stückgutbeförderung 304 W. Der Hechinger Landesbahnhof wurde im März 1997 für den Personenverkehr geschlossen, nachdem die neue Einschleifung zur Deutschen Bahn AG fertig war.

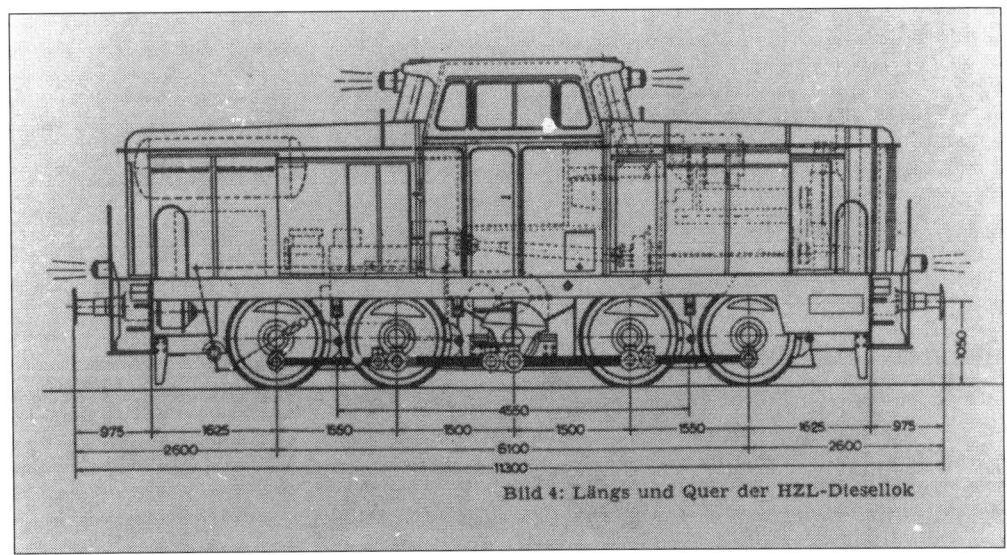

Bild 4: Längs und Quer der HZL-Diesellok

Übersichtszeichnung der Diesellok V 81 von der Maschinenfabrik Esslingen aus dem Jahre 1957. Sie hat einen schnell laufenden 950 PS-Daimler-Benz Motor. Auf V 81 hat eine Ölkanne überlebt, die mit „Lok 14" beschriftet war. Diese Dampflok gibt es seit 1958 nicht mehr. Der Stangenantrieb war zu wartungsintensiv. Im normalen Bahnbetrieb sind Loks mit Kuppelstangen inzwischen fast ausgestorben.

Der legendäre, vierachsige, mit zwei MAN-Motoren zu je 150 PS ausgestattete Triebwagen VT 3 im September 1961 auf dem Bahnhof Gammertingen. Zur Verstärkung des Zuges T 28 wird ein Personenwagen angehängt. Lok 11 wird zum Nachschub bis zur Fehlahöhe bereitgestellt.

Seit der Gründung der HzL wurden mehrteilige Zuglaufschilder aus Blech benutzt. Mit den Schlepptriebwagen des Typs „NE 81" kamen ab 1993 elektronische Fahrtanzeiger auf. Marianne Thiel, verheiratete Krüger, aus Trochtelfingen war im September 1961 Schülerin des Progymnasiums Gammertingen.

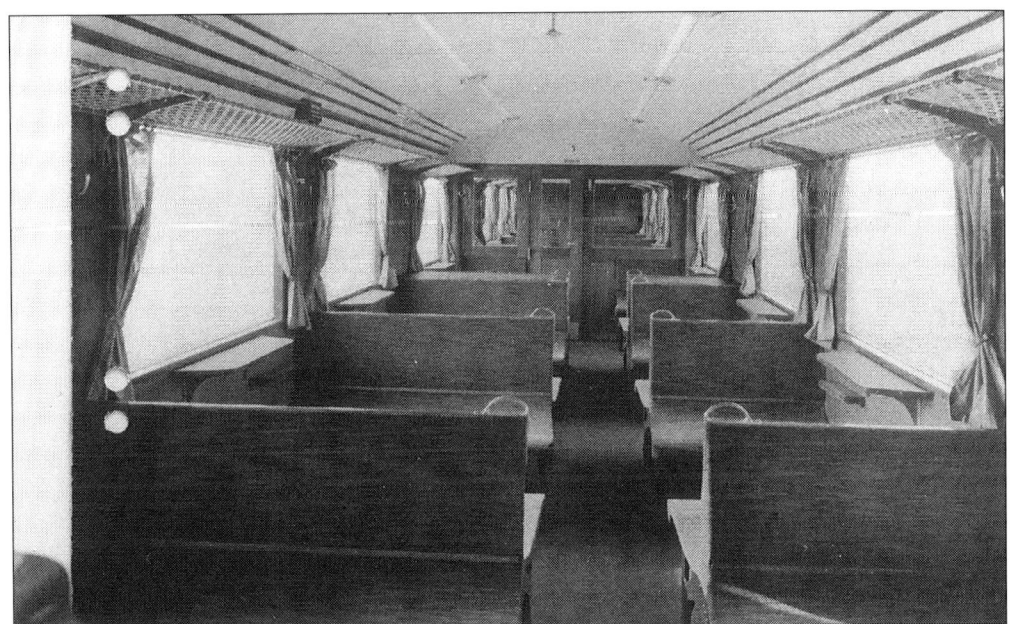

Der Innenraum des VT 3 auf einem Fabrikfoto von 1936. Unvergessen sind die Ausflugsfahrten in den frühen Fünfzigerjahren nach Zürich, Konstanz, Lindau, Altötting und weitere Orte, als noch nicht jeder ein Auto hatte. Diese Tradition wurde ab 1984 von dem Hauptlokführer Josef Sauter und seinem Team unter dem Motto „Fliegender Gammertinger" wieder aufgenommen und wird bis heute fortgeführt.

Fabrikschilder des VT 3: Waggon- und Maschinenbau Aktiengesellschaft Görlitz „WUMAG", 1936. Im Januar 1968 erlitt der VT 3 bei einem Unfall im Harter Wald Totalschaden. Dabei kam der „Messerschmied", Oberlokführer Josef Fritz (1907–1968), ums Leben. Die Fabrikschilder gab der Verfasser im Februar 2000 an die Eisenbahnfreunde der „Gesellschaft zur Erhaltung von Schienenfahrzeugen" weiter.

Der Schienenbus VT 7 in Gammertingen, Juli 1962. Nach Beseitigung der Kriegsschäden setzte die HzL 1951 ihr Verdieselungsprogramm mit der Beschaffung der Schienenbusse VT 6 und 7 nebst den passenden Beiwagen VB 16 und VB 17 fort. Die Lehnen der Bänke waren in die jeweilige Fahrtrichtung umklappbar, was das besondere Flair in den Fünfzigerjahre ausmachte.

Auf der 1909 von dem Geheimen Baurat Max Leibbrand (1851–1925, Vorstand der HzL von 1899 bis 1923) erbauten Sigmaringer Donaubrücke werden bis heute die jeweiligen HzL-Triebfahrzeuge gerne fotografiert. Hier eine Schienenbus-Garnitur im November 1962.

Der 1962 modernisierte VT 3 mit einem MAN-Steuerwagen (VS) im Juli 1963 bei Gammertingen. Die einst die Landschaft prägenden Heu-Heinzen werden seit der Einführung der Ladewagen von den Bauern kaum mehr aufgestellt. Sie dienten dem Trocknen des Heus.

Planmäßig verkehrender MAN-Triebwagen zwischen Gammertingen und Hettingen, Oktober 1968. Im Jahre 2002 „schelten die Leute wegen der alten Kärren". Das letzte Gammertinger Kuhfuhrwerk von Ulrich Abt (1898–1986), einem Landwirt und Schneider, kehrt vom „Kartoffeln raus machen von der Flur Altenburg" zurück. Dieses Foto, das viele Umbrüche zeigt, ist nicht gestellt.

Lokführer Martin Schneider (1902–1992) im MAN-Triebwagen, Februar 1962. Schneider stammte aus Reichenbach im Vogtland. Er machte eine Lehre als Schlosser. Zusammen mit Josef Fritz war er Stammlokführer auf dem VT 3. 1967 ging er in Pension. Schneider war dankbar, als „Sowjetzonenflüchtling" seit 1956 in Gammertingen sein zu dürfen.

M. Schneider fand, im besten Mannesalter, ab 1934 Verwendung im sächsischen Schnellzugdienst. Das Foto zeigt ihn vor einer sächsischen Schnellzuglok der Baureihe 19, Achsfolge 1'D 1'. Sie wurde „Sachsenstolz" genannt. Ab 1941 war Schneider zur Reichsbahn-Ost nach Odessa abgeordnet.

Ausfahrt des Zuges T 9 W Haigerloch–Sigmaringen aus dem Hechinger Landesbahnhof, Juli 1962. Am MAN-Triebwagen dienten die Tür und die Klappe dem Durchgang für den Zugführer. Der aus Rangendingen stammende Telefoner Misael Gress (1900–1971) sichert den Bahnübergang mit der Signalflagge. Der Mercedes rechts hat noch ein Hechinger Nummernschild.

Am Fuße der Kaiserstammburg Hohenzollern, die dem Land und der Bahn den Namen gab. Das Foto entstand im Oktober 1962 in der Nähe von Hechingen. Als die HzL noch nicht ausreichend MAN-Steuerwagen hatte, leisteten die modernisierten Personenwagen aus der Anfangszeit noch gute Dienste. Dadurch blieben sie als Museumsfahrzeuge bis heute erhalten.

Lok 15 mit dem Güterzug G(St) 313 W in Gammertingen an der Riedlinger Straße im März 1962. Am Bahnübergang sind noch die alten Chausseesteine sichtbar. 1847 malte Constantin Hanner (1827–1893) seine Heimatstadt etwa von derselben Stelle aus. Als Verkehrsteilnehmer zeichnete er Fußgänger und eine Postkutsche ein. Die Landesbahn kam erst 1908 ins Mittlere Laucherttal. Bis dahin wurden Güter mit dem Frachtfuhrwerk befördert.

Lok 141 mit Güterzug 313 im Laucherttal im April 1963 südlich von Gammertingen, unterhalb des Teufelstors. Die „Hauptfallen" sind Teile des bis Mitte der Fünfzigerjahre in Stand gehaltenen Bewässerungssystems von Lauchert und Fehla. Nach dem Aufkommen von Kunstdünger geriet diese Kulturform in Vergessenheit. Die Anlagen verfielen langsam.

Lok 141 mit Arbeitszug im Laucherttal bei Hermentingen, April 1963. Wären die 1903 gezeichneten Pläne Wirklichkeit geworden, dann wäre die Landesbahnstrecke hier zweigleisig geworden. Die Bahnstrecke nach Hechingen wäre hinter dem Wald links ins bis heute vom Verkehr unberührte Fehlatal Richtung Neufra abgebogen.

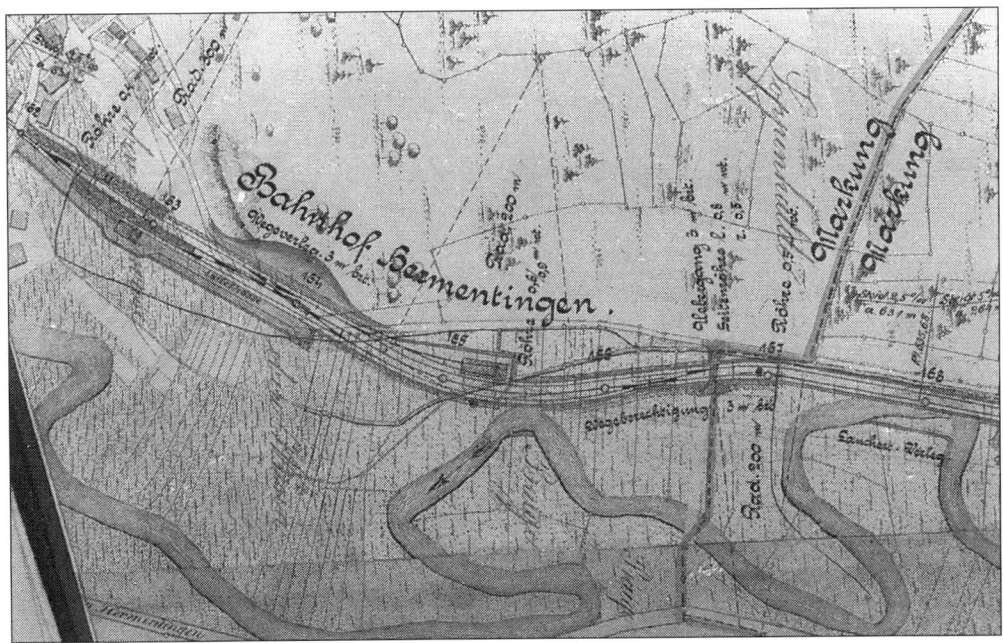

Der 1903 geplante Abzweigebahnhof Hermentingen mit Bahnbetriebswerk. 1906 setzte die damals preußische Oberamtsstadt Gammertingen den Knotenbahnhof auf ihrer Gemarkung durch. Das war eine bis heute folgenreiche Entscheidung für das „Unterzentrum Gammertingen". Man beachte die stark mäandrierende Lauchert und die Wässerwiesen auf dem Plan.

Lok 15 mit Güterzug 313 im Laucherttal südlich von Hettingen. Das Eindachhaus des Schmieds Wolf, genannt „Fritze-Leo", verdankt seine solitäre Lage einer Lehmgrube. Die Talaue wurde ab 1981 erschlossen und ist 2002 vollständig bebaut.

Das Hermentinger Bahnhöfle mitsamt Aborthäuschen. Das Zufallsfoto von der Alltagswirklichkeit entstand im Juni 1968. Wenig einladend war die Wellblechbude, die seit 1970 einem Bauern als Feldscheuer dient. Im Hintergrund sieht man das Schul- und Rathaus von 1887.

Lok 15 in Veringendorf im März 1962. Der Bahnagent ist anwesend. Der Zugführer schaltet gerade die Blinklichtanlage ein. Das 1908 erbaute Agenturgebäude wurde 1985 von Veringenstadter Hauptschülern im Rahmen eines Projekts renoviert. Es ist 2002 noch vorhanden.

Jahrzehntelang versah Th. Saurer den Dienst als Bahnagentin von Veringendorf. Sie wurde im Dorf so geschätzt, dass ihr Grabstein mit dem Titel „Bahnhofsvorsteherin" geziert wurde. Der Grabstein war ein Dokument der Sepulkralkultur der Sechzigerjahre. In ihren letzten Lebensjahren war Frau Saurer einsam und auf sich allein gestellt.

Lok 15 bei der Ausfahrt aus dem Bahnhof Veringenstadt im März 1962 mit dem Güterzug 313 W.
Von Stetten bis Gammertingen fuhr er als Durchgangszug Dg, ab Gammertingen bis Sigmaringendorf als Güterzug mit Stückgutbeförderung G(St), mit Halt an jeder Station zum Ein- und Ausladen, bzw. zum Ein- und Abstellen von Güterwagen.

Lok 15 am Südportal des 1908 gebauten Veringenstadter Tunnels im Oktober 1961. Seit 1973 gibt es parallel dazu einen Straßentunnel, der natürlich wesentlich mehr Platz in Anspruch nimmt. So ist auch dieses Foto zu einem unverhofften Dokument der Landschaftsveränderung im Mittleren Laucherttal geworden.

Der Bahnhof Veringenstadt mit Lok 15 und Güterzug 313 im März 1962. Die Bahnhofsagentur mit Fahrkartenverkauf wurde nach Einführung des Verkehrsverbundes „NALDO" (Neckar-Alb-Donau) am 1. Januar 2002 aufgehoben. Es wurden Fahrkarten-Automaten aufgestellt. Das Empfangsgebäude existierte bis zum Jahr 2000 weitgehend im Originalzustand von 1908, dann wurde es modernisiert.

Lok 11 auf der dritten Fahrt für Eisenbahnfreunde im Juli 1968 in Veringendorf. Im Hohenzollerischen gab es zahlreiche Kleinbauern, von denen jeder einen Misthaufen hatte. Mit dem Hofsterben verschwanden auch die Dunglegen. Das Bauernhaus Ramsperger musste 1970 dem Bau der Umgehungsstraße weichen. Die Aufnahme zeigt Sofie Ramsperger, geb. Griener, (1914–2002) und ihren Ehemann Ernst (1906–1985).

Lok 15 mit Güterzug 313 in Hanfertal, Juli 1962. Rechts die Seilzüge des mechanischen Stellwerks sowie Telegrafenmasten, die inzwischen verschwunden sind. Das Empfangsgebäude blieb fast unverändert, mitsamt dem Aborthäuschen, das jetzt das einzige seiner Art entlang der HzL ist. Sogar die Holzschindeln, die zum so genannten „Chalet-Stil" gehören, wurden um 1995 erneuert.

Fahrdienstleiter Ullrich, gestorben 1985, an seinem mechanischen Stellwerk, Mai 1964. Ihm folgten zwei weitere Stellwerks-Generationen. Die letzte war bereits mit einem Bildschirm ausgestattet. Seit 1997 ist das Stellwerk Hanfertal unbesetzt. Gerne erinnern sich die Beteiligten an die gemütlichen Stunden im stilvoll eingerichteten Dienstraum des Fahrdienstleiters Oskar Rauser. Dort gab es das ganze Jahr über Ostereier.

Lok 11 im Sigmaringer Landesbahnhof bei der Winterfahrt im Januar 1968, aufgenommen von dem mitreisenden Eisenbahnfreund Dietrich Bodeck aus Frankfurt. Der Prellbock gab auch der benachbarten Wirtschaft „Zum Landesbahnhof" den Namen. 1910 gab es in der Residenzstadt Sigmaringen einen württembergischen und einen badischen Bahnhof, jeweils mit Lokschuppen, sowie den Landesbahnhof. Die Gebäude wurden 1996 abgebrochen.

2. Kl 0,90 DM	2. Kl 2,60 DM	2. Kl 0,90 DM
Rangendingen Hechingen Landesb	Hechingen Landesb Bad Imnau	Haigerloch Bad Imnau
●01449	●1896	●3983
HzL Kinderrückfahrkarte	HzL Rückfahrkarte	HzL Rückfahrkarte
Gauselfingen	Veringenstadt Sigmaringen Landesb	Mühringen Eyach

Bis Mitte der Achtzigerjahre blieben die Fahrkarten unverändert. Das Edmonson'sche Billet hatte sich bewährt. Mit dem Aufkommen der Fahrscheindrucker änderte sich das. Abgebildet sind Fahrkarten von etwa 1970 mit seltenen Verbindungen. Seit Januar 2002 gibt es bei der HzL Fahrkartenautomaten. Einige wenige Fahrkartenschränke aus Holz haben bis heute überlebt. Einer davon wurde 2002 im Stuttgarter Hauptbahnhof ausgestellt.

Lok 12 wartet mit einem Arbeitszug eine Zugkreuzung auf dem Bahnhof Jungnau ab, Juli 1962. Die Bahnsteigkante besteht noch aus gebrauchten Bahn-Schwellen. Für dieses Foto schwänzte der Verfasser die Schule. Lebenslang sind Opfer nötig, bis wenigstens ein geringer Teil der Aufnahmen fachgerecht erschlossen in öffentlichen Archiven zur Verfügung steht.

Zugführer Mäske im Dienstraum von Jungnau. Die Aufnahme entstand zufällig im Mai 1972 als Weitwinkel-Farbdia. Das Schalterfenster, der Fahrkartenschrank und der schwarze Apparat des bahneigenen Telefonnetzes muten uns heute altertümlich an. Jahrzehntelang war es der Arbeitsplatz des Bahnagenten, der hier seit den Siebzigerjahren nicht mehr tätig ist. Funkverkehr gibt es an der HzL seit 1973.

Arbeitszug, bestehend aus Lok 11 und fünf so genannten X-Wagen, im Laucherttal zwischen Gammertingen und Hettingen, August 1964. Der Personenwagen wurde für die Rottenarbeiter mitgenommen. Darin konnten sie bequem Vesper machen. Im Vordergrund sieht man den Weißjurafelsen des 1931 in Handarbeit fertig gestellten Straßendurchbruchs.

Nach dem Auswechseln wurden die neuen Schwellen mit der Stopfhaue gestopft, so wie hier im September 1962 im Laucherttal südlich von Gammertingen. An Stelle des Feldweges rechts wurde 1990 ein asphaltierter Radweg angelegt. Das Farbdia machte der Autor als 17-Jähriger während seiner allerersten Ferienarbeit bei der Landesbahn. Er bekam 2,46 DM Stundenlohn und konnte nebenbei Unwiederbringliches fotografieren.

94

Lok 11 fährt mit einem Arbeitszug an der Ruine Hornstein vorbei, die seit den Neunzigerjahren renoviert wird. Ein aktiver Förderverein hat daraus ein Kulturzentrum gemacht. Originale Betriebsaufnahmen von Lok 11 sind für die Zukunft besonders bedeutsam. Sie ist seit 1971 durch die Bemühungen Gerhard Kirchners (geb. 1939) und seines Sohnes Thomas (1964–1995) aus Linsenhofen als betriebsfähige Museumslok erhalten geblieben.

Die Blockhütte des Haltepunktes Hornstein stand noch im Februar 1963. Sie ist inzwischen verfallen. Noch glänzt Lok 11 im Neuanstrich nach der im Januar 1963 abgeschlossenen Hauptuntersuchung. Von hier aus liefen die Theaterbesucher auf die Ruine zur Freilichtbühne, die ab 1947 bis in die Fünfzigerjahre bestand.

Arbeitszug in Bingen im August 1964. Wenn so viele Rottenarbeiter zum Schieben da sind, kann man eine Rangierfahrt einsparen. Wer hätte 1964 gedacht, dass sowohl Lok 11 als auch der Personenwagen B 9 im neuen Jahrtausend noch fahrbereit sein würden? Neben Lok 11 Vorarbeiter Fritz Wiesner (1906–1974). Er stammt aus Riesenburg/Westpreusen. Bis 1941 trug er den polnisch klingenden Familiennamen Wischnewski. Im Rahmen des Flüchtlings-Wohnbauprogramms erwarb er 1951 in Neufra eine Doppelhaushälfte im „Lau".

Der planmäßige Schienenbus To 66 durchfährt das Fürstlich Hohenzollern'sche Hüttenwerk Laucherthal. Am ehemaligen Haltepunkt macht Zugführer Stefan Zeiler (1921–1997) die Zugmeldung per Telefon an den bis 1992 besetzten Bundesbahnhof Sigmaringendorf. Der Backstein-Industriebau von 1913 steht im Jahre 2002 zur Sanierung an. Die Fabrikschornsteine sind längst beseitigt. Man erkennt noch ein mit einem Blechkreuz ungültig gemachtes Hauptsignal.

Im Juli 1962 begegneten sich auf dem Abzweigebahnhof Sigmaringendorf links eine preußische P8, Baureihe 38.10-40 der Deutschen Bundesbahn und rechts Lok 141 mit Lokführer W. Wittner als Güterzug mit Stückgutbeförderung G(St) 304 W Sigmaringendorf–Eyach. Ein Emailleschild mit dem Text „Hohenzollerische Landesbahn, Übergang nach Laucherthal–Bingen" wies seit April 1900 auf die HzL hin.

Ausfahrt eines von der HzL übergebenen Ganzzuges der Baureihe 50 der Deutschen Bundesbahn aus Sigmaringendorf, Juni 1968. Links die Pfarrkirche St. Peter und Paul. Ab 1991 befördert die Landesbahn das Stettener Salz bis Ulm. Manchmal haben die Landesbahn-Dieselloks den Bundesbahn-Dieselloks beim Anfahren mit dem schweren Salzzug Nachschubhilfe geleistet. Seit Herbst 1992 ist die neu trassierte Kurve Richtung Ulm in Betrieb. Daraufhin wurde der Bahnhof vollständig zurückgebaut. Das Empfangsgebäude, wo der Fahrdienstleiter seinen Arbeitsplatz hatte, wurde an die Gemeinde verkauft. Seit 2000 steht den Fahrgästen in Sigmaringendorf eine offene Wartehalle zur Verfügung.

Die Werklok „Margarete" beim täglichen Rangieren, April 1968. Im Hintergrund sieht man das Hochofengebäude von 1708. Im Rahmen der grundlegenden Werkssanierung wurden ab 1995 die umliegenden, teilweise frühindustriellen Bauten abgerissen. Das Hochofengebäude wurde freigestellt und 1998 eine Barbara-Kapelle errichtet. Die heilige Barbara ist die Schutzpatronin der Bergleute.

Lok „Margarete" im April 1968 mit hütteneigenen Güterwagen, die aus den Neunzigerjahren des 19. Jahrhunderts stammten und leider verschrottet wurden. Diesen Güterwagen wurde zu wenig Beachtung geschenkt. Die Lok war nach Fürstin Margarete von Hohenzollern (1900–1962) benannt. Als sächsische Königstochter kam sie 1920 durch Heirat nach Sigmaringen.

Der zweiständige Laucherthaler Lokschuppen war mit seinen beiden Rauchabzügen und den vielfältigen Anbauten ein typisches Dampflok-Bahnbetriebswerk. Er wurde 1996 abgebrochen. Links die 1899 von der Maschinenbaugesellschaft Heilbronn erbaute T 1005, Oktober 1968. Auf die Diesellok „Zollern 3", Baujahr 1934, folgte 1996 ein Zweiwege-Unimog für die abnehmenden Rangierarbeiten.

Lok „Rosa" im Lokschuppen. In der Mitte sind die schmierigen Abfälle von Öl, Schlamm und Schlacken zu sehen, die vom jahrzehntelangen Dampfbetrieb herrühren. Im Dezember 1964 beschädigte die HzL bei einer Rangierfahrt die Schuppentore und die Rückwand dieses Lokschuppens. Von 1900 bis 1976 waren die beiden werkseigenen Dampfloks hier in Betrieb.

Lokführer Wilhelm Irmler (1911–1993) am Steuerungshebel für Vorwärts- und Rückwärtsfahrt. Die Aufnahme entstand als 25 mm Weitwinkel-Foto im Führerhaus von Lok „Rosa". T 1005 ist die alte württembergische Bezeichnung. Irmler führte auch die Hauptuntersuchungen an den beiden Loks durch. Als er 1976 in Pension ging wurden beide Loks an Eisenbahnfreunde verkauft. Sie bleiben damit in Nürtingen und Berlin erhalten.

Gammertingen im Dezember 1964. Links die Lok „Rosa" auf einem alten Werkstattwagen. Das Abdrehen der Achsen (amtsdeutsch „Radreifen-Umrissberichtigung") für den bedeutenden Frachtkunden Laucherthal erledigte die HzL. Ferner sind das Führerhaus der Diesellok V 82 sowie der Portalkran von 1908 zu sehen. Rechts steht Lok 15, deren Kesselfrist bereits abgelaufen ist. Sie wurde im März 1965 verschrottet.

Für Lokführer Irmler und seinen Heizer und Rangiergehilfen endet im März 1965 ein Arbeits-
tag. Links steht ein gusseiserner Ofen, wie er in jedem Dampflokschuppen zu finden war. Irmler
stammte aus einer alten Laucherthaler Familie. Er war seit der Rückkehr aus der Kriegsgefangenschaft 1948 bis zur Pensionierung 1976 Lokführer. Zum 80. Geburtstag im Jahre 1991 durfte er
seine Lok noch einmal als Museumslok fahren.

Mit dem Fahrrad legt Irmler den Weg von seinem Arbeitsplatz zu seinem Eigenheim in der Laucherthaler „Siedlung" zurück. In den Fünfziger- und Sechzigerjahren konnte man viele Arbeitsplätze noch besser mit dem Fahrrad erreichen. Es ist ein Anliegen dieses Bildbandes, anhand der
meist zufällig entstandenen Fotos den Wandel der Landesbahn-Arbeitsplätze dazustellen.

Der Haigerlocher Lokschuppen im Januar 1964. Die „Lokomotivremisen" in Stetten und Burladingen waren 1912 entbehrlich geworden. Sie wurden hier wieder errichtet. 1951 wurde der hintere Teil zur Stationierung eines Schienenbusses angebaut. 2001 wurde das Empfangsgebäude an die Stadt verkauft. Dampfloks waren hier bis September 1962 stationiert. Heute dient der Lokschuppen als Abstellplatz.

Lok 21 mit Personenwagen B 6 (bis 1956 „C 6") und Packwagen am 17. April 1962. Der Güterzug mit Personenbeförderung GmP 302 W Haigerloch–Eyach war der letzte planmäßige Dampfzug der HzL. Er fuhr bis September 1962. In den Fünfzigerjahren waren zwei Dampfloks (meist Lok 16, 21 oder 22) und der Triebwagen VT 1 in Haigerloch stationiert.

Lok 16 mit dem „Güterzug mit Stückgutbeförderung" G(St) 305 W steht im Juni 1962 um 7 Uhr 30 abfahrbereit auf dem Bahnhof Eyach. Der Heizer hat noch kräftig Kohlen aufgelegt und den Bläser eingeschaltet, um Dampf zu machen für die Fahrt mit vielen Steigungen. Die „LP"-Tafel – Läuten und Pfeifen – weist auf den nächsten Bahnübergang hin. Sie existiert schon lange nicht mehr.

Der Zugführer hat den Abfahrauftrag gegeben. Das Eyachtal hallt von den mächtigen Auspuffschlägen der in voller Kraftentfaltung stehenden Lok 16 wider. Das Originalfoto ist ein mit AGFA CT 18 Umkehrfilm gemachtes, handgeglastes Kleinbilddia. Es hat sich in 40 Jahren fast ohne Qualitätsverluste erhalten. Nun ergab sich die Chance zur Veröffentlichung. Die abgebildete Zuggarnitur ist 2002 noch betriebsfähig vorhanden. Als Museumszug trägt sie den werbewirksamen Namen „Feuriger Elias".

Die Doppelbrücke unweit des Bahnhofs Eyach ist 1901 im Bau. Beachtenswert ist die damalige Ausstattung der Baustelle. 1993 wurde eine komplett neue Brücke errichtet. Ab Januar 2002 kommen die Güterwagen nicht mehr über Eyach herein, sondern werden von HzL-Loks in Plochingen abgeholt.

Am 17. April 1962 dampfte Lok 21 mit dem Güterzug 305 Eyach–Gammertingen über die Eyachbrücke. Anlässlich des 100-jährigen Jubiläums der HzL donnerte in den Sommern 1999 und 2000 der Tübinger Theaterzug mit dem Melchinger Lindenhoftheater über diese Eisenfachwerkbrücke. Die Broschüre „Einsteigen bitte", erschienen 1999 im Verlag des „Schwäbischen Tagblattes", Tübingen, erinnert daran.

Lok 21 mit Güterzug 305 in Bad Imnau am 17. April 1962. Der Zug hielt an jedem Bahnhof und es gab immer etwas aus- oder einzuladen. Die Fotoausstellung „Dampf um Bad Imnau" rief Erinnerungen an diese Zeit wach. Sie wurde im Juli 1996 im Kursaal gezeigt und von der Esslinger Kulturwissenschaftlerin Prof. Dr. Christel Köhle-Hezinger eröffnet. Der Bahnhof wurde 1985 abgebrochen, nur die Kastanie steht heute noch.

Der 1960 modernisierte Triebwagen VT 1 fährt am Haltepunkt Lindich-Weilheim vorbei. In den Siebzigerjahren wurde das Schild entfernt. Seit 1972 fährt kein planmäßiger Personenzug mehr von Hechingen nach Eyach. Die Triebwagen der ersten Generation sind heute weitgehend vergessen, obwohl sie von 1934 bis 1970 die Landschaft Hohenzollerns durchfuhren.

Der Bahnhof Haigerloch mit Lok 21 am 17. April 1962. Der Kohlenbansen ist reichlich gefüllt. Von dort werden die Kohlen in Handarbeit in den Loktender geschaufelt. Der Wasserkran hat bis 2002 noch niemanden gestört. Er ist inzwischen bemoost.

Lok 16 im planmäßigen Dampfbetrieb in Haigerloch stehend, Oktober 1961. Hier beim Wasser-
fassen und Abschlammen. Rechts sieht man die Tankstelle für die Triebwagen. Auf dem Bahnhof
Haigerloch waren laut Dienstausteiler vom Januar 1969 noch zwölf Zugführer und vier Trieb-
wagenführer beschäftigt. 1972 wurde hier der Personenverkehr auf Busse umgestellt. Seit 1993 ist
der Bahnhof Haigerloch geschlossen.

Ausfahrt von Lok 21 mit Güterzug 305 aus dem 1901 fertig gestellten Haigerlocher Tunnel. Seit 1914 gibt es Planungen, den unfallträchtigen Bahnübergang zu überbrücken. Bereits 1935 wurde die erste Warnblinkanlage der HzL hier installiert und in den Siebzigerjahren mit Halbschranken modernisiert.

Hier die Ausfahrt von Lok 16 mit Güterzug 305 im Juni 1962. Rechts der „Römerturm", das Wahrzeichen Haigerlochs. In den Fünfzigerjahren waren in Haigerloch bis zum Eintreffen der Dieselloks 1957/58 immer zwei Dampfloks stationiert. (Quelle: Betriebstagebücher der Betriebswerkstätte Gammertingen)

Zugkreuzung auf dem Bahnhof Haigerloch, September 1962. In der Mitte sieht man den Schienenbus als Zug To 13 Eyach–Sigmaringen. Links Lok 16 mit dem erneuerten Packwagen Pw 72,
rechts Diesellok V 82, von 1958 bis 1979 bei der HzL. Das Farbdia wurde im „Eisenbahn-Kurier"
aus Freiburg, Ausgabe 1/1984, veröffentlicht. Damit wurden erstmals Farbdias von B. Walldorf
überregional publiziert.

Im kalten Februar 1963 wurde Lok 141 zum Auftauen der Wasserleitung am Bahnhof Haigerloch geschickt. In Bildmitte Weichenschlosser Karl Baumeister (1907–1971), links Heizer Weber,
Lokführer Lauw und der Arbeiter Schrättle.

Lok 16 rangiert am 23. Oktober 1961 auf dem früheren Gleis zur Saline Stetten. Zufällig kommt Sebastian Lachenmaier (1904–1982), genannt „Waibel-Baschte" oder „Schachter", Bergmann und Nebenerwerbslandwirt, mit seinem Kuhfuhrwerk vorbei. Es ist das erste kulturwissenschaftlich bedeutsame Foto B. Walldorfs, das schon mehrfach veröffentlicht wurde.

Eine typische Landesbahn-Zuggarnitur wie sie jahrzehntelang im Einsatz war: Diesellok V 81, ein Packwagen von 1901, aus dem Oberzugführer Kurz schaut, sowie der modernisierte Personenwagen B 9, bei Bad Imnau im April 1968. Kurz (1903–1996) war gelernter Bäcker.

Diesellok V 81 mit Güterzug G(St) 304 bei Hart, Juni 1962. Bis 1970 wurde zur Bedienung des örtlichen Verkehrs ein Personenwagen mitgeführt. Seit Bestehen der HzL war das so üblich. Ältere Frauen nahmen sich die Zeit, im Güterzug z.B. von Hechingen nach Rangendingen zu reisen, wenn ein Triebwagen erst Stunden später fuhr.

Lok 16 als Heizlok an einem Militärzug bei Rangendingen, Februar 1970. Militärzüge spielten ab 1967 bis zur Deutschen Einheit 1990 auf der HzL eine bedeutende Rolle. Von den Garnisonen in Sigmaringen und Haid (aufgelöst 1993) wurden die Soldaten zu Schießübungen an die Ostseeküste und zurück transportiert.

Lok 141 fährt im März 1964 in den Haltepunkt Bronnen ein. Im Hintergrund sieht man das ehemalige Klosterdorf mit der 1708 erbauten Filialkapelle St. Josef, der Wirtschaft „Zum Felsen", mundartlich „dr Burra", sowie der Zehntscheuer (seit 1921 Haus Göggel), „Bronnemer Dolf" und dem Mariaberger Amtshaus, dem heutigen Gasthof „Adler".

Weil im Februar 1962 ein Triebwagen in Reparatur war, musste Lok 141 den Abendzug nach Kleinengstingen und zurück fahren. Die Holzbrücke zum Haltepunkt Bronnen ist längst durch einen Beton-Steg ersetzt worden.

Die frisch hauptuntersuchte Lok 11 bei Mägerkingen ist mit dem Abendzug unterwegs nach Kleinengstingen, Juli 1963. Seit den Achtzigerjahren wird das Verkehrszeichen „Bahnübergang" mit der symbolisierten Dampflok ersetzt durch die schematisch dargestellte Elektrolok. Auch die Verkehrszeichen passen sich der modernen Zeit an.

Blick aus einem Personenwagen auf den Kohlentender und die elektrische Loklaterne von Lok 12, Dezember 1961. Nach zwei Weltkriegen sind von der Originalausstattung der Wagen nur noch die blanken Holzbänke geblieben. Die Aufnahme entstand mit der Kleinbildkamera Dacora-dignette Kamerawerk Reutlingen. B. Walldorf benutzte sie von 1960 bis 1969. Die Negativfilme entwickelte die Firma Foto-Herre in Gammertingen in Handarbeit.

Lok 141 hält planmäßig am Haltepunkt Mariaberg, März 1962. Weil die Besitzer des ehemaligen Landhauses „Siegle" hier für Ordnung sorgen, blieb die Wellblechbude erhalten.

Bei der Heuernte im Seckachtal bei Trochtelfingen, Juli 1963. Ein Leiterwagen mit hölzernen Heugattern sowie ein Motormäher finden Verwendung. 57 Jahre stand Lok 11 in den Diensten der HzL, von 1911 bis 1968. Heute dient sie schon 31 Jahre als Museumslok. Per Autostopp hat der Verfasser diesen planmäßigen Dampfzug verfolgt. Weil er nicht stehen gelassen wurde, konnten diese unwiederbringlichen Fotodokumente entstehen. Dieser Bildband soll die Erinnerung an den originalen Dampflokbetrieb bei der HzL wachhalten.

Haltepunkt Hasental am 9. April 1962. Der Gleisbau der preußischen Form 5 stammt vom Bahnbau 1901. Die Bahnsteigkante besteht aus gebrauchten Schwellen. Am 26. September 2000 machte hier das Volkshochschulheim Inzigkofen bei einer Triebwagen-Sonderfahrt Picknick. Vom Häusle sind nur noch die Fundamente und Dachziegelreste vorhanden.

Lok 15 auf ihrer letzten Fahrt, die zugleich die erste Sonderfahrt von Eisenbahnfreunden auf der HzL war. Im Mai 1964 stand noch eine steinerne Hauptfalle von den Wässerwiesen zwischen Mariaberg und Bronnen. Die B 313 war noch von Bäumen umstanden. Sie wurde 1979 neu trassiert und bereits 1976 in der Nähe ein Wanderparkplatz an Stelle der Wässerwiesen angelegt.

Auf der Sonderfahrt des IBM-Klubs Böblingen begegnet Lok 16 dem Vorkriegstraktor des Gammertingers Daniel Göggel (1902–1964) in Bronnen. Erwin Faigle hat den Leiterwagen stilgerecht mit Heugattern und Holzrechen beladen. Das gestellte Zusammentreffen konnte im Mai 1969 noch arrangiert werden. In den Folgejahren gab es die Gerätschaften nicht mehr.

Bei derselben Sonderfahrt trifft Lok 16 beim Schmalzberg auf das letzte Gammertinger Kuhfuhrwerk von Abt. „Es ist eine mühevoll arrangierte Aufnahme mit musealem Blick", die den „kulturellen Vertrauensschwund aufgreift", schrieb Professor Utz Jeggle in „Einsteigen bitte, Ihr Zugbegleiter zum Tübinger Sommertheater" auf Seite 228. Die Schrift erschien im Verlag „Schwäbisches Tagblatt" in Tübingen, 1999.

Auf dem Anschlussgleis des Steinbruchs westlich des Bahnhofs Haigerloch holt Lok 16 zwei X-Wagen für einen Arbeitszug. Das ganze Ensemble gleicht einer Modellbahn.

Lok 16 schiebt den Arbeitszug am Haltepunkt Trillfingen vorbei. 2002 ist davon nichts mehr zu sehen, die Natur hat sich alles zurückgeholt. Zugführer Franz Stokker, geb. 1929, pensioniert wegen Krankheit 1986, achtet darauf, dass die Strecke frei ist. Die damals noch zahlreichen Arbeiter von der Rotte Stetten luden die gebrauchten Schwellen von Hand auf.

5

Als Schienen und Schwellen
noch mit Muskelkraft verlegt wurden

Die Schienen am Bahnkilometer 9.4 im Eyachtal wurden in Handarbeit aufgeladen. Diese Arbeitsweise war im Juni 1962 seit Jahrzehnten etwas Selbstverständliches. Deshalb wurde es außer vom 17-jährigen Schüler B. Walldorf von niemandem für wert befunden, fotografiert zu werden.

Arbeitszug mit Lok 11 im Juli 1963 am Steinbruch bei Neufra. Lok 11 hatte den ganzen Tag
Bereitschaft in Gammertingen. Die Fahrt zur nächsten Baustelle bietet eine kleine Verschnauf-
pause für die „Gramper", unter ihnen Karl Nerz (1908–1992) aus Trochtelfingen.

Handarbeit beim Umbau von Form 6 auf die schwere S 49 mit Federnägeln bei Neufra, Sep-
tember 1963. Oberrottenmeister Josef Türk (1904–1981) beaufsichtigt die Arbeit. Sein Vater
Stanislaus Türk (1877–1947), genannt „Stenes", war beim Bahnbau 1907/08 beschäftigt. J. Türks
Enkel Gerhard Wiesner (geb. 1961) feiert im Jahre 2002 sein 25-jähriges Dienstjubiläum als
Triebfahrzeugführer bei der HzL.

Vorbereitung des „Passtückes", um dem nächsten Zug die Durchfahrt durch die Langsamfahr-stelle zu ermöglichen. Gerade die mit geringstem Aufwand in der Nähe gemachten Fotos sind heute die größten Kostbarkeiten der Sammlung Walldorf. Meist gelangen nur wenige Bilder von der sich ständig wandelnden Arbeitswelt in öffentliche Archive.

Beim Abbrechen des alten Gleiskörpers der Form 6. Beim Umbau wurden die Rotten von Gam-mertingen und Hanfertal, manchmal auch die von Hechingen, gemeinsam eingesetzt. Nament-lich sind bekannt: links unten Nusser, der zeitweise in Gammertingen „Hägefutterer" war, Fritz Hermann aus Hettingen, pensoniert um 1998, Waldemar Morgenthaler aus Hochberg und ganz rechts Heinrich Wetzel (1907–1983) aus Neufra.

Arbeitsplätze im Wandel: Die gebrauchten Schwellen wurden von der vielköpfigen Stettener Rotte in Handarbeit aufgeladen. Das Foto mit Dampflok 16 entstand im Eyachtal bei Bad Imnau, Juni 1962.

Aufladen von gebrauchten Schwellen mit dem Zweiwegebagger einer Gleisbau-Firma bei Mägerkingen im Mai 1976. Im Hintergrund sieht man die Baustelle des Lauchertsees. Ebenfalls zu sehen ist die Kleinlok V 25 mit Lokführer Josef Sauter, geb. 1953. Von 1901 bis 1976 lagen auf der Engstinger Strecke die Schienen vom Bahnbau zu Beginn des 20. Jahrhunderts. Sie wurden wegen der zahlreichen Transporte der Engstinger Eberhard-Finckh-Kaserne ausgewechselt.

Niedergang und Musealisierung des Personenwagens BB 24 (bis 1956 CC 24), erbaut 1908 bei der Waggonfabrik Rastatt. Anfang der Sechzigerjahre wurden die Holzbänke entfernt, um den Wagen als rollendes Lager für die Signalwerker zu benutzen. Vom Plüsch der „belle epoque" ist nichts mehr übrig geblieben – er hat sich nur als Probe in den Akten des Staatsarchivs Sigmaringen erhalten.

Durch diese Zweitverwendung blieb der Wagen BB 24 erhalten. Die Eisenbahnfreunde der „Gesellschaft zur Erhaltung von Schienenfahrzeugen" (GES Stuttgart) bauten ihn zum „Restaurationswagen" um, der auch für Feste genutzt werden konnte, wie die Hochzeit des Verfassers im Juli 1979. Seit etwa zehn Jahren steht eine Hauptuntersuchung an. Links erkennt man Frau Hirth. Das Foto entstand im September 1974.

Vesperpause im Aufenthaltsraum in Hechingen, Januar 1968. Die Gesichter sind von der lebenslangen Arbeit als „Gramper" gezeichnet. Von links nach rechts: Johann Henle aus Stetten, Alfons Schäfer aus Gruol, Paul Wannenmacher aus Rangendingen und Hermann Neher aus Stetten.

Die Strecke bei Hettingen war am Wochenende nicht befahren, als sich Ende Januar 1986 der Sonderzug zum Narrentreffen nach Sigmaringen einen Weg durch den Schnee bahnte. Der Landesbahnbetrieb ist einem andauernden technischen Erneuerungsprozess unterworfen. Drei 1550 PS-Dieselloks wurden ab 1985 beschafft. Sie haben die Betriebs-Nummern V 150 bis V 152. Das Foto stammt von Martin Sigg, geb. 1951, aus Hettingen. 2002 wird die Diesellok V 122, Baujahr 1964, komplett modernisiert.

6

Nur noch die Spurweite ist gemeinsam: Museumsdampflok und „Regio-Shuttle"

Ein aktuelles Foto vom Freitag, den 15. März 2002. Blick von der Leihlok „294" auf den fast 700 Meter langen Güterzug G 309 (Stetten–Ulm) kurz vor dem Hettinger Tunnel. Inmitten der Waggons zum Transport von Sturmholz, das der Orkan „Lothar" am 2. Weihnachtsfeiertag 1999 hinterließ, Sand für die Hohenzollern'schen Werke Laucherthal und Salz aus Stetten fahren die Loks V 118 und V 119, Baujahr 1978 mit. Das Foto wurde ausgearbeitet von Quality-Baur, Bernhausen, Fachlabor für Schwarz-Weiß-Fotografie.

Galerie im Bürgerhaus
Oberstadtstraße 9
72401 Haigerloch

Einladung zur Ausstellung
100 Jahre
Bahnhof Haigerloch
17. Juni - 22. Juli 2001

Bahnhof Haigerloch anlässlich der Eröffnungsfeierlichkeiten

Es gibt verschiedene Möglichkeiten, HzL-Geschichte zu veröffentlichen: Foto-Ausstellungen ab 1971, Zeitungsartikel seit den Sechzigerjahren des 20. Jahrhunderts, sechs Fernsehbeiträge des Verfassers zwischen 1986 bis 2002, Kalender seit 1994 und insgesamt fünf jeweils etwa 100 Seiten umfassende Bildbände seit 1985.

Stadt Hettingen

EINLADUNG ZUR AUSSTELLUNG

Bahnhöfe entlang der Hohenzollernstraße
im Wandel der Zeit
8. August - 16. September 2001

Blick von der Hohenzollernstraße auf Hettingen 1974

Die weitere fachgerechte Sicherung von Geschichtsquellen von der HzL geschieht seit 1986 in den hauptamtlich besetzten Archiven und Museen, z.B. im Staatsarchiv Sigmaringen unter den Depositum-Nr. 43 und 44, in den Kreisarchiven von Balingen und Reutlingen (Bestand S13/2) und Sigmaringen (Bestand KAS XI/8) sowie seit 1990 in der Dauerausstellung des Landesmuseums für Technik und Arbeit in Mannheim und im Haus der Geschichte in Stuttgart.

Nur noch die Spurweite ist gemeinsam: Zwischen dem Regio-Shuttle, gebaut 1997 bei Adtranz in Berlin und Lok 11 erbaut 1911 – sie stehen auf dem DB-Bahnhof in Hechingen – liegen 87 Jahre hohenzollerischer Landesbahngeschichte. Nur dem ideellen Einsatz von Eisenbahnfreunden ist es zu verdanken, dass die Personenzuggarnitur aus der Bauzeit der HzL auch im Jahre 2002 noch durch die Lande dampfen kann ...

Grabsteine mit Berufsbezeichnungen von Landesbahnern waren auf dem Gammertinger Friedhof noch bis in die Achtzigerjahre zu finden. Die Fotos stammen vom Dezember 1972. Inzwischen sind diese Grabsteine entfernt und die Gräber neu belegt. Nur noch wenige Archivalien und Veröffentlichungen erinnern an die Arbeitswelt der um 1900 geborenen Landesbahner.

Die Heimat entdecken!

Von Kiel bis Wien,
von Aachen bis Görlitz:
Entdecken Sie Alltagsgeschichten
aus Ihrer Heimatstadt!

Leben in der Großstadt …

Tauchen Sie ein in das quirlige Großstadtleben vergangener Tage. Spazieren Sie über breite Boulevards und stürzen Sie sich ins Nachtleben. Erkunden Sie ihre Stadt durch die Fensterscheiben einer Straßenbahn oder des ersten Käfers und bewundern Sie prächtig geschmückte Schaufenster.

... und ländliche Idylle

Wie sah das Leben in Ihrer Heimat aus, als die Bauern noch mit Pferden pflügten und jedes Dorf seinen eigenen Schmied hatte, jeder noch jeden kannte und das Leben sich zwischen Kirche, Wirtshaus und Wohnküche abspielte?

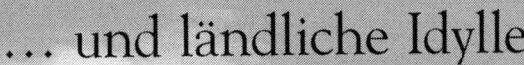

Erinnerungen an die Schulzeit …

Erinnern Sie sich noch an die Zeiten von Abakus und Schiefertafel, an Klassenausflüge oder den ersten Taschenrechner? Blicken Sie zurück auf große Klassen und gestrenge Schulmeister, entdecken Sie auf Klassenfotos Freunde und Bekannte von früher!

... und das Arbeitsleben

Entdecken Sie, wie sich das Arbeitsleben in den letzten hundert Jahren verändert hat. Werfen Sie einen Blick in Fabrikhallen, blicken Sie Handwerksmeistern bei ihrer Arbeit über die Schulter und erinnern Sie sich an den Einkauf im Tante-Emma-Laden.

www.suttonverlag.de

Gesellige Stunden im Verein ...

Fußballclub und Schützenverein, Musikkapelle und Gesellenverein: Schauen Sie zurück auf Volksfeste und Turniere, Chorproben oder Prunksitzungen. Erinnern Sie sich an schöne Stunden und das gesellschaftliche Leben in Ihrer Heimat.

... und im Familienkreis

Werfen Sie einen Blick in die Wohnzimmer vergangener Tage und entdecken Sie, wie sich zwischen schweren Eichenmöbeln, Nierentischen und Ikea-Regalen der Alltag verändert hat. Erleben Sie Familienfeiern und Weihnachtsfeste im Wandel der Jahrzehnte mit.

Zeitfracht Medien GmbH
Ferdinand-Jühlke-Straße 7
99095 Erfurt, Deutschland
produktsicherheit@kolibri360.de

Druck:
CPI Druckdienstleistungen GmbH
im Auftrag der
Zeitfracht Medien GmbH
Ein Unternehmen der Zeitfracht - Gruppe
Ferdinand-Jühlke-Str. 7
99095 Erfurt